绿色发展通识丛书
GENERAL BOOKS OF GREEN DEVELOPMENT

节制带来幸福

［法］皮埃尔·哈比／著
唐蜜／译

中国文联出版社
http://www.clapnet.cn

图书在版编目（CIP）数据

节制带来幸福 / (法) 皮埃尔·拉比著；唐蜜译. -- 北京：中国文联出版社，2018.9
（绿色发展通识丛书）
ISBN 978-7-5190-3627-0

Ⅰ. ①节… Ⅱ. ①皮… ②唐… Ⅲ. ①节约-研究 Ⅳ. ①F221

中国版本图书馆CIP数据核字(2018)第225268号

著作权合同登记号：图字01-2017-5140
Originally published in France as :
Vers la sobriété heureuse by Pierre Rabhi
© Actes Sud, France 2010
Current Chinese language translation rights arranged through Divas International, Paris ／ 巴黎迪法国际版权代理

节制带来幸福
JIEZHI DAILAI XINGFU

作　　者：[法] 皮埃尔·拉比	
译　　者：唐　蜜	
出 版 人：朱　庆	终审人：朱　庆
责任编辑：冯　巍	复审人：闫　翔
责任译校：黄黎娜	责任校对：汪　璐
封面设计：谭　锴	责任印制：陈　晨

出版发行：中国文联出版社
地　　址：北京市朝阳区农展馆南里10号，100125
电　　话：010-85923076（咨询）85923000（编务）85923020（邮购）
传　　真：010-85923000（总编室），010-85923020（发行部）
网　　址：http://www.clapnet.cn　　http://www.claplus.cn
E - m a i l：clap@clapnet.cn　　fengwei@clapnet.cn

印　　刷：中煤（北京）印务有限公司
装　　订：中煤（北京）印务有限公司
法律顾问：北京市德鸿律师事务所王振勇律师
本书如有破损、缺页、装订错误，请与本社联系调换

开　　本：720×1010	1/16
字　　数：61千字	印　张：7.75
版　　次：2018年9月第1版	印　次：2018年9月第1次印刷
书　　号：ISBN 978-7-5190-3627-0	
定　　价：32.00 元	

版权所有　翻印必究

"绿色发展通识丛书"总序一

洛朗·法比尤斯

1862年,维克多·雨果写道:"如果自然是天意,那么社会则是人为。"这不仅仅是一句简单的箴言,更是一声有力的号召,警醒所有政治家和公民,面对地球家园和子孙后代,他们能享有的权利,以及必须履行的义务。自然提供物质财富,社会则提供社会、道德和经济财富。前者应由后者来捍卫。

我有幸担任巴黎气候大会(COP21)的主席。大会于2015年12月落幕,并达成了一项协定,而中国的批准使这项协议变得更加有力。我们应为此祝贺,并心怀希望,因为地球的未来很大程度上受到中国的影响。对环境的关心跨越了各个学科,关乎生活的各个领域,并超越了差异。这是一种价值观,更是一种意识,需要将之唤醒、进行培养并加以维系。

四十年来(或者说第一次石油危机以来),法国出现、形成并发展了自己的环境思想。今天,公民的生态意识越来越强。众多环境组织和优秀作品推动了改变的进程,并促使创新的公共政策得到落实。法国愿成为环保之路的先行者。

2016年"中法环境月"之际,法国驻华大使馆采取了一系列措施,推动环境类书籍的出版。使馆为年轻译者组织环境主题翻译培训之后,又制作了一本书目手册,收录了法国思想界最具代表性的40本书籍，以供译成中文。

中国立即做出了响应。得益于中国文联出版社的积极参与，"绿色发展通识丛书"将在中国出版。丛书汇集了40本非虚构类作品，代表了法国对生态和环境的分析和思考。

让我们翻译、阅读并倾听这些记者、科学家、学者、政治家、哲学家和相关专家：因为他们有话要说。正因如此，我要感谢中国文联出版社，使他们的声音得以在中国传播。

中法两国受到同样信念的鼓舞，将为我们的未来尽一切努力。我衷心呼吁，继续深化这一合作，保卫我们共同的家园。

如果你心怀他人，那么这一信念将不可撼动。地球是一份馈赠和宝藏，她从不理应属于我们，她需要我们去珍惜、去与远友近邻分享、去向子孙后代传承。

2017年7月5日

（作者为法国著名政治家，现任法国宪法委员会主席、原巴黎气候变化大会主席，曾任法国政府总理、法国国民议会议长、法国社会党第一书记、法国经济财政和工业部部长、法国外交部部长）

"绿色发展通识丛书"总序二

铁凝

  这套由中国文联出版社策划的"绿色发展通识丛书",从法国数十家出版机构引进版权并翻译成中文出版,内容包括记者、科学家、学者、政治家、哲学家和各领域的专家关于生态环境的独到思考。丛书内涵丰富亦有规模,是文联出版人践行社会责任,倡导绿色发展,推介国际环境治理先进经验,提升国人环保意识的一次有益实践。首批出版的40种图书得到了法国驻华大使馆、中国文学艺术基金会和社会各界的支持。诸位译者在共同理念的感召下辛勤工作,使中译本得以顺利面世。

  中华民族"天人合一"的传统理念、人与自然和谐相处的当代追求,是我们尊重自然、顺应自然、保护自然的思想基础。在今天,"绿色发展"已经成为中国国家战略的"五大发展理念"之一。中国国家主席习近平关于"绿水青山就是金山银山"等一系列论述,关于人与自然构成"生命共同体"的思想,深刻阐释了建设生态文明是关系人民福祉、关系民族未来、造福子孙后代的大计。"绿色发展通识丛书"既表达了作者们对生态环境的分析和思考,也呼应了"绿水青山就是金山银山"的绿色发展理念。我相信,这一系列图书的出版对呼唤全民生态文明意识,推动绿色发展方式和生活方式具有十分积极的意义。

20世纪美国自然文学作家亨利·贝斯顿曾说:"支撑人类生活的那些诸如尊严、美丽及诗意的古老价值就是出自大自然的灵感。它们产生于自然世界的神秘与美丽。"长期以来,为了让天更蓝、山更绿、水更清、环境更优美,为了自然和人类这互为依存的生命共同体更加健康、更加富有尊严,中国一大批文艺家发挥社会公众人物的影响力、感召力,积极投身生态文明公益事业,以自身行动引领公众善待大自然和珍爱环境的生活方式。藉此"绿色发展通识丛书"出版之际,期待我们的作家、艺术家进一步积极投身多种形式的生态文明公益活动,自觉推动全社会形成绿色发展方式和生活方式,推动"绿色发展"理念成为"地球村"的共同实践,为保护我们共同的家园做出贡献。

中华文化源远流长,世界文明同理连枝,文明因交流而多彩,文明因互鉴而丰富。在"绿色发展通识丛书"出版之际,更希望文联出版人进一步参与中法文化交流和国际文化交流与传播,扩展出版人的视野,围绕破解包括气候变化在内的人类共同难题,把中华文化中具有当代价值和世界意义的思想资源发掘出来,传播出去,为构建人类文明共同体、推进人类文明的发展进步做出应有的贡献。

珍重地球家园,机智而有效地扼制环境危机的脚步,是人类社会的共同事业。如果地球家园真正的美来自一种持续感,一种深层的生态感,一个自然有序的世界,一种整体共生的优雅,就让我们以此共勉。

2017年8月24日

(作者为中国文学艺术界联合会主席、中国作家协会主席)

目录

序言

第1章　反抗的种子（001）

第2章　现代性是一个谎言吗？（020）

第3章　祖先传下来的智慧（042）

第4章　走向节制之幸福（064）

附录（099）

从今天起，人类应达到的最高境界，就在于以最简单、最健全的方式满足生存需要。种植自己的菜园，或者专注于任何有助于提升自主能力的创造性活动，都将被视作政治行为。我们将通过这种合理的行为，抵制对当前世界模式的依赖和它对人类的奴役。

——皮埃尔·哈比

序言

四十五年来，在米歇尔和家人的默契支持下，我走上了节制生活的道路。因此，与其漫无目的地侃侃而谈笼统的理论或想法，我更倾向于解释和说明在毅然决然地做出选择并坚持这条道路的过程中，我曾经有的思索、决定和做法。言行一致的原则会使我这本书的表述更加严密、更加可信。我写下这本书，也是为了唤醒人们做出一些决定。一而再、再而三地推迟这些决定，不仅会对当下造成损害，而且对不远的未来和遥远的将来会造成更加不可估量的影响。

"适度"二字不可回避，不管从哪个角度讲。毫无疑问，由于地球的构成，其极限就明摆在那里。无止境的经济发展原则，既不现实又荒诞：只需采用最基本的方式分析物理或生物层面，便可发现它的不现实；只需用不受任何摆布的自由思想简单推敲，便可看到它的荒诞。目前在世界上占支配地位的系统，自夸无所不能，而事实上，一张简单的资产负债表，尤其是能源方面的，便可将其竭力掩盖的无效性暴露无遗。这样的审视同样会揭露这个模式的内部矛盾：不毁灭，便不可再生。由此，它本身就已带着自毁的种子。以节制的巨大力量为基础，建立一个新文明的时机到来了。

一个令人兴奋的新领域打开了。它召唤每一个人,最大程度地发挥他或她的创造性,探索以最简单、最健全的方式来满足我们的基本需求。采取这个决定令人宽慰,同时它也是一项政治行为、抵抗行为:抵抗以进步为名,摧毁破坏地球、异化人类的一切。我们将走上崭新的道路,自然、生命以及创造性的人类行为之美,将会成为我们不竭的灵感源泉。

第1章　反抗的种子

铁匠的歌唱

在阿尔及利亚南部的一个小小的绿洲中，一个普通的男人，每天忙于养家糊口。他来到铁匠铺，开门，点火，然后开始在铸铁上敲打，从早到晚——修补几件农民的工具，铸造几个日用的平常物品——这个沙漠中的武尔坎努斯[①]的化身不停地敲击，他的铁砧终日歌唱。一个学徒拉动风箱上的绳子，火苗腾起。铁锤下，炙热的火星成群地飞溅出来，又转瞬即逝。与此同时，沉浸在工作中的铁匠，似乎忘记了世界的存在。

一个孩子静静地看着他，眼里满是钦佩和骄傲。铁匠的脸布满汗水，写尽了艰辛和倔强。时不时，他停下

[①] 武尔坎努斯是古罗马神话中的火、铸铁、金属以及火山之神。

来招呼顾客，回应他们的要求。有时候，几个人不自觉地聚拢到铁匠铺前，蹲在一张棕叶纤维编成的席子上聊天、喝茶，嘻嘻哈哈，有时也争论一些更严肃的问题。

离铁匠铺不远，是一个足够宽阔的方形广场，周围都是商铺：杂货店、肉店、布店等，还有裁缝铺、鞋匠铺、木匠铺和小首饰铺。随着季节的不同，空气有时温和，有时酷热，但经年不变的是从这些店铺里传出的歌声，就像是为了给安详的气氛增添一些色彩。广场的西边是开放的，留给了集市：叫唤的单峰驼、绵羊、山羊、驴和马，混杂在驿站里，散发出浓烈的气味；游牧的人们安静地来了，又安静地走了；另一些人则背靠着装满了粮食的粗布袋子，一直蹲着；那堆着的一束束的干柴，让人忍不住想起它们被收集来的辽阔沙漠；还有为了保存而被压紧的椰枣，还有在合适的季节等着有意的人去采集的沙漠松露。集市里的这些声响，汇聚成一片低沉的喧闹，时不时有商贩招呼客人的尖厉叫喊声突然响起。有时，讲故事的或是玩杂耍的人引来一群兴致勃勃的观者，将他们围在中间，等他们讲述自己的梦境或是亮出拿手好戏。

小城里，阴凉的小巷四通八达，夹在赭石色的层层叠叠的房屋之间。每幢房子的屋顶都有一个露台。小城中间，是一个白色的宣礼塔，它像瞭望的水手般凝视着四周的地平线。黏土的小城中，有棕榈树从此处或彼处挺出，有的就像一把遮阳伞，把影子投射在菜园中。在这个国度里，太阳射出的光线灼热如燃烧的木柴。城外即是沙与石子的荒漠。远处，一座大山如一段没有尽头的围栏，从地平线这头延伸到那头。在这个荒凉的沙漠腹地，生命就是一种奇迹。

人们的衣食住行都很简单，极度的贫困很少能影响乐善好施的人。伊斯兰的箴言不断地提醒人们关于施舍和接待的原则，季节和星辰的轮换敲出了时间的节拍。这座小城的创始者终其一生都在向人们宣传非暴力的思想。他的陵墓，数百年来如守护神一般守护着这里安详和睦的精神氛围。

宁静的小城也并非伊甸园，跟别处一样，这里的人们也承受着痛苦，最好的和最坏的一并存在。人们崇尚友善的原则，但纠纷和嫉妒也混杂在人群中，女人们的境遇则时常令人痛心。尽管如此，人们还是顽固地遵守着克制的原则，尽一切可能克服种种不如意，保持各方的安宁。某种喜悦无处不在，使人们忘却生活的不确定性，并抓住一切机会组织即兴的活动，表达他们的欢愉。在这里，生存的感觉，摸得着、看得见。一天又一天，都是对毅力的考验。每一口水、每一口食物，都会给生命带来真切的滋味。最基本的需求一旦满足，人们马上就会觉得充实并感恩，好像活着的每一天都是一项特权、一次赦免。死亡为大家所熟知，但并非是悲剧。当它掠走儿童时常常是残酷的，但人们也坚信，这是造物主的恩赐，是为了不使孩子经历人世的丑陋，亲人们的悲痛亦因这种想法而减轻。每个人都有他的大限，死亡不过是神的权威的助手。它不在乎人的地位、阶层、声望、财富，它忠实地执行着这项凡人不可预料的任务。

就是在这个复杂的社会中，铁匠的日日敲击让铁砧歌唱。他自己也是歌手、诗人，也将自己的艺术奉献给神。几乎总是在繁星璀璨的天穹下，就着拨响的琴弦，他的歌声让众多听者从愉悦变得兴奋，一同进入几乎神灵附体的状态。这个梦境与诗意之间的世界并非毫无波澜，它毕竟是生命之树上一个早已成熟的果实。就像在世界上别的地方一样，那里的人们试着过上和谐的生活，但无法百分之百地实现，因为世事本无完美。

一个数百年未变的世界的终结

慢慢地，这个曾经数百年如一日的世界开始暗中起了变化。铁匠开始忧伤，他心事重重，烦恼挥之不去。

在黄昏的光线中回家时，他曾像一个自由的猎手，虽然有时也一无所获，但更多的时候，靠着他的才干、天分和勇气，还有上天于他家人的眷顾，他总能带回满载着食物的篮子。然而现在，劳作对铁匠来说开始变得稀缺。占领了这里的法国人发现了煤矿，并向所有有工作能力的男人提供一个带薪的职位，整个小城都被震动了，人们无法再像品味永恒一样对待时间了。此前人们尚且陌生的挂钟和手表开始响起来了。新的时间要取缔一切曾经被"浪费"的时间。恰好在这个宁静的梦幻般的国度，无所事事的态度被视为懒惰。于是，现在要认真了，要辛勤工作了。男人们每天早上提着一盏乙炔灯，深入到大地昏暗的肚肠内，那里面封藏着来自不可追忆的年代的火焰。他们要将这种黑色物质取出，等它醒来，改变世界的秩序。每天晚上，他们从奇异的白蚁穴中探出肮脏的脸，他们已经在里面被困了一天了。只要还没有洗净灰暗的煤烟面具，人们就难以辨别清楚他们的颜面。黑色的眼圈沉淀下来，成了新生的矿工队伍的标志。手腕上戴表的人越来越多了，自行车也一辆又一辆地多了起来，以便人们移动得更快。金钱渗透到这个小社会的每一个分支。散发着陈旧过时味道的传统，现在得调整到与新时代一致的时间了。

铁匠就像阿尔丰斯·都德笔下痛苦的高尼依老爹[①]，他的磨坊的荣誉被嘲笑了，由风所推动的磨坊遭到了来自蒸汽磨的挑战。铁匠尽其所能抵御着天翻地覆的变化，但他不得不承认，顾客还是逐渐稀少了。要养活家人，除非奇迹发生。他还有一个选择，就是也去做一只白蚁。根据他的能力，他被派去驾驶轻型机车，拖着长毛虫一般的车厢，载满了主要出口到法国的煤——这种充满魔力的商品。随后，有着强力机车的大火车像小偷一样运走了这些黑东西。进步就是如此入侵了恒久未变的秩序。

每天晚上，看到铁匠带着像别的所有人一样的肮脏面孔回到家里，孩子震惊了，就好像偶像被亵渎。紧闭的门后，铁匠铺成了一具安静的空壳，滞留在过去某个已经想不起来了的、突然面目全非的陈腐时代。铁砧不再歌唱，文明来到了这里，带着它的特征、它的复杂性，还有它无边的吸引力。孩子无法理解这些，更无法明了其所以然。那位被孩子无限崇拜的铁匠、诗人、音乐家不是别人，正是我的父亲，而那个孩子就是我自己。

[①] 此为阿尔丰斯·都德（Alphonse Daudet）的短篇小说《高尼依老爹的秘密》（*Le Secret de maître Cornille*）中的主人公。参见[法]都德：《磨房文札》，柳鸣九译，上海文艺出版社2014年版。

铁砧的寂静

　　父亲俯首为奴的态度给我留下了一道奇异的伤口。虽然小城里所有的人都不明就里,但也都感觉到某种重要的事实悄悄地降临了。在这个新的时代里,工作是人们存在的理由,金钱和可购买的新玩意诱发了人们无节制的贪念。某些矿工一旦领到第一笔工钱,便不再返回岗位,这似乎是为自由所做的最后一搏。一两个月后,他们重新出现时,愤愤不满的雇主询问他们为何没有更早回来,他们老老实实地说:"钱还没用完呢,为什么回来干活?"他们无意识地提出了一个人们小心回避的问题,这个问题不被人们作为重要的事情来讨论。但是,在急剧变化的当今世界,在人类状况需要被重新审视的时候,我们必须回答:我们工作是为了生活,还是我们生活是为了工作?至于那些天真的、无纪律的人们,可以想象得到,煤矿公司帮他们重新上紧了发条。

　　我多年之后才明白,傲慢而专横的现代文明迫使父亲以及发达和不发达国家不计其数的人所接受的,是对其身份和人格的否定。更坏的是,它以改善为名,让整个人类的状况服从于一种现代的奴隶制度。由此,不考虑任何公平性而进行生产的金融资本,并且以金钱作为财富标准的这一简单事实，造成了最为深刻的全球性的不平等。人对人的奴役剥削，自古都是恶事一桩。这种似乎注定不可避免的现象，为人类历史授予了尽人皆知的丑陋勋章。然而，现在不一样的是，对于这种几乎可以说是自发的现象，虽然经历了种种旨在消除它们的革命，现代社会却正在延续它们，并且附上了更美好的道德宣言：民主、自由、平等、博爱、人权、特权的废除……也许人们的出发点是真诚的，但我们不得不承认，由于人类深层的本性，哪怕是最执拗的建立公平制度的尝试，也终将归于失败。

　　铁砧在我身上造成的回响，唯有寂静最为强大。这是一种不可消除的寂静，它好像休止符，被写进了某篇乐章，永久地终结了旋律。再后来，我逐渐认识到，这寂静在我身上种下了反抗的种子，这种子在 20 世纪 50 年代中期终于破土而出。我那时二十岁。那时，现代性，在我眼中就是一个巨大的谎言。

幻灭

　　20 世纪 50 年代，我是巴黎地区一家企业里的技术工人。我喜爱并敬佩过的工友们都深深地相信：现代社会为他们的孩子准备了一个美好的未来，这使他们的辛苦劳作有了意义。大环境是倾向于无神论和政教分离的。他们浸润在马克思主义理论的影响下，并把它作为一切宗教毒害的解药。对于一切宗教形式，他们有着很深的成见。他们宣称，亲近资本胜于亲近无产阶级的教会"背叛"了他们。他们信仰进步，崇拜进步。有了这种信仰与支持，某些人几乎变成了现代性的传教士，并不惜牺牲自我。他们说："我们累死累活，但这是为了我们的孩子生活得更好。我们没有文化，但他们有了，就不必再跟油污打交道了。我们受的累，手上的茧都抵消了，他们的手会是白白净净的。"没能接受教育的缺憾，使他们把自己与农民一起归为社会等级中最低的一类。整个以智力论精英的社会莫不如此。

当时正值"黄金三十年"①，人们还可以幻想：生产机器满负荷运转，丰富且几乎免费的原材料从第三世界源源不断地运来。众所周知，也许正是由于物质的过分充裕，此时某种看破了一切的思潮隐隐笼罩在这个极乐社会之上。"法国觉得好无聊"，有时能在媒体上看到这样的标题。跟今天不同，那时的年轻人都有稳妥的未来，

---

① 黄金三十年是指二战结束后，法国在1945年至1975年经济快速成长的时期。

但他们还是觉得有什么不对的地方，就好像过多的"拥有"消除了"存在"的需要。消费社会创造需求，同时也创造挫折感。在这个不断生产更多、使人消费更多的机器里，消费者是显而易见的重要部件。无孔不入的侮辱人智商的广告，便是这个机器挥舞的棍棒。它戏弄消费者，以此为乐，有如使出一切手段施展魅力的高级妓女，不断向顾客许诺更加让人迷醉的欢愉。

面对这个阴险的陷阱，1968年掀起了针对消费社会的"五月风暴"。这场运动的原因十分复杂，但其中之一与本书的宗旨相近，即已提出或尚未被明确提出的节制的欲望。过度的充裕与幸福不一定能并行不悖，它们有时甚至是互相矛盾的。也许当时的年轻人参照彼时澎湃而今日已无人问津的某些意识形态，隐隐地感觉到了一个物质过分充裕的社会正在剥夺每个人的创造性，而这个社会似乎已经被注入了一个不可更改的模子——就像在三十年之前，当各种带着自己的教条、主义、箴言的意识形态扑面而来之时，我虽然已经觉察到了，但并不在意，甚至有些不信任它们。当时的一代年轻人可能向往着一个冒险与未知能带来意义和滋味的命运。只有当大大小小的待人征服的挑战能够使人保持警醒、促使人创造、激发人想象时，生命才会是一次完美的旅程。只有挑战带来的激情，才是我们身上超凡的能力。生命的快乐是我们每个人都向往的最高价值，它是不管多少美金也无法给予的。它就是某种特权，握于某个神秘王子之手。他可以赐予人们一间茅草屋，也可以拒绝给予人们最宏伟的宫殿。

简而言之，一个把活结领带作为每日之勒绞的象征的社会，怎样才能让人们不对它心存疑虑？这个饰物难道不正是被那只看不见的手牵制着的吗？繁忙的一日终了，解下它时，人们难道没有一种被释放的感觉吗？同样，某些意味深长的词语道出了隐藏的真相，人手、裁员、人力资源、干部[1]、地位[2]……这些线索都是在揭露一个重大而可笑的事实：在钱和金融至上的社会中，从人生最初的学习阶段起，人们就追求完美，崇尚竞争，出人头地便可吹嘘夸耀。然而，出人头地却并不是完美的成功人生的保障。

我的质疑并不针对个人，而是针对制度本身。现代性凌驾于我们头上，宣称自己有着种种慷慨的美德。但

---

[1] 干部，法语原文为 cadre，也有框架、约束之意。——译者注
[2] 地位，法语原文为 statut，也可表示"有关身份、财产的法规"。——译者注

它不单没有这些美德,还同时彻底背叛了这其中的价值。自然、人类和世界的现状,都是它的虚伪性的明证。

农民世界的衰落

从远古时代起,人们便唱着大地母亲的赞歌,为她写下一篇篇颂诗。由于文化各不相同,人们使用不同的乐器歌唱自己的家乡,歌唱她丰富的物产、美丽的景观,甚至是严峻的气候、恶劣的环境。

在撒哈拉度过了童年时光的我,时常目睹人们准备远行。他们跪在自己和祖先们曾经出生的土地上,将一把泥土紧紧塞到一只小皮囊中。这只袋子会被他们贴身系在腰间,作为护身符陪伴他们的旅程。这样,不管走到何方,他们都会感觉自己依然与故土紧紧相连。因此,在某个具体的空间中,人生的一幕幕逐次上演,人的印记使这一地点升华为生命的场所,而不再是简单的地理名称。只要时间仍与宇宙同步,空间仍然神圣,人类便还深刻地属于现实世界的一部分,并以其能力所及,连同生存必需的现实影响这个世界。

说到这里,我不禁想起了希腊作家尼可斯·卡山札基(Nikos Kazantzakis)讲的一个故事。他描绘了在土耳其人暴力征服时克利特人出逃的情景。在寻求避难所的悲惨旅途中，一位老人艰难地背负着一只口袋。善良的人们想要帮他，但却都被拒绝。最后，人们才明白，口袋里的珍贵物品乃是老人祖先们的骨殖。因为害怕一去不返，老人挖出了先人的遗存，准备将它们播种到愿意迎接他的新土地上。播种骨殖能够帮他减轻背井离乡的痛苦，能够帮他重新建立与先辈中断的联系。无论来自何种文化背景，隶属于某片土地的感觉都是必不可少的。在撒哈拉，我试着向一位来自美国的合作者解释这一点，但对方很难理解。他发现当地妇女必须到两公里以外的地方汲水回村庄，就自认为提议在水源附近建立新的村落是顺理成章的，他无法理解当地人这种与祖先保持紧密联系的方式。

放逐的悲剧

现代社会创造出了种种放逐方式。1914年到1918年的战争①便是其中之一，战壕中的无数农民如同陷入不可抽身的流沙。每每想到耕作者的这种命运，我都会感到悲痛和愤怒。对他们来说，最残酷的莫过于德国农民与法国农民之间的厮杀，而其背后的政治原因却不是保

---

① 这里是指第一次世界大战。——译者注

卫国土那么简单。其实，在他们身上实验了为毁灭和死亡而设计的最为无耻的科技成果。为了一个不太清晰的，或者一个定义得过于明晰而显得不可信任的目标，没有任何一个德国或法国的村庄免于付出鲜血的代价，更不用提来自殖民地的无数无辜者。他们用鲜血灌溉了饱受摧残的欧洲土地。有些士兵，包括欧洲人，无法忍受远离故土的流放，在深深的乡愁中死去。从前线、从战壕中，他们给家人、爱侣写来书信。没有什么比这些文字更催人泪下。在恐惧中砌成的文字里集中了理解人类状况的诸多要素：肉体和精神的痛苦、绝望与希望、对末日的恐惧。毫无疑问，宣称要给人类带来文明的现代性，在极端情况下变成了野蛮的典范。

从此，战争的暴行成为普通事件。它甚至在一些仪式中被歌颂，这都是一些没有吸取教训的纪念活动。在这个自称理智地抛弃了过去的社会中，我们仍然热衷于种种古老的仪式。要多么虚伪，才能不承认这一事实：这场屠杀没有别的动机，仅仅是为了某些隐秘的小集团的利益。他们在人世间的任务便是将人类的聪明才智用于大规模的谋杀——这种偏向现在不仅依然存在，甚至规模日益壮大，以至于我们无法仅用理智来加以理解。可以说，它带着某些纯粹精神的本质，因为它形成于人类最深刻的意识和想象之中。曾经有过一种"天下无双"的犬儒主义说法：要重振经济，没有什么比一场"好的战争"更有效的了。

另外，工业对劳动力的需求也促使农村人口大量往工业中心迁徙，破坏了数百年来的传统社会结构。工业革命的飞跃完全依仗着农民们的体能。与参军上战场不同的是，工业革命向他们做出了似乎是正面的许诺：摆脱工作的繁重以及看天吃饭的不确定性，代之以享受稳定工资带来的舒适生活条件的确定性。"自愿奴役"，在当时被看作是一种解脱，政治宣传也在颂扬这种进步。以掠夺全球资源为代价的工业革命，通过种种努力减少了资本和劳动力之间几乎从未停歇的冲突，成功地以其效率和好处说服了所有人。与此同时，"好处"背后的种种问题也被隐藏了起来。

今天，在一些所谓的繁荣国度里，越来越多的人开始醒悟，人们的幻觉开始消失了。这场旷日持久的疏离过程造成了今天的双重流放：人类既不再属于一个真正的社会组织，也不再扎根于某片土地。哪里需要就去哪里，成了保住饭碗的必要条件。富有生命的文化被宽泛的知识所取代，所有的知识和信息被揉成一团。人们以此为标准在电视上进行知识问答，但这些抽象的概念却无助于生成有特色的文化身份,更不与任何恒久的事物有一丁点关联。在迅速而持续的变革狂潮中,一切都出现得更短暂,一切都消失得更快。人类在其中变成了活跃亢进的电子,并承受由此产生的、会带来严重疾患的焦虑。

乡村世界的异化

今天,我们不得不承认,乡村世界也未能逃脱现代社会带来的幻想和损害。自从1961年我们一家人回归乡村时起,这一事实让天真的我产生了巨大的失望。我本想转身,不再直面对生产力的无止境追求,但我很快认识到,生产力的狂热在乡间也造成了同样大的毒害。当已经做了父亲的我试图获得几样基本的农业生产资料时,家里的年轻人却无法抑制他们的恐惧。他们的讨论几乎完全围绕着所学的农业化学创造的奇迹,即能够帮助人们从土地中榨取了奇迹般的产量。他们在比较这种与那种肥料的效果、消灭此害虫或彼病菌的农药,如此等等。彼此言语间的火药味也渐渐浓重。其实,那些宣称生产能够控制病虫害的物质的公司,早已定下了这场讨论的基调——产品包装上的骷髅头和交叉的骨头已经隐隐地在向活着的生物开战。不过,地位最高、决定一切、受到了最多称颂的上帝，仍然是拖拉机。它象征着力量和技术的进步，被各种各样的光环所围绕。蒸汽机取代了马匹，而后者则是已经过去了的时代的代表。有了这匹"蒸汽马"，多年来赤脚辛苦耕作的农民后代终于可以与现代标准看齐。长久以来，农民被认为跟不上时代，"进步"的需要变得不可或缺。

初次实验之后，我们一家人搬到了乡下定居。此时，欧洲内部共同的农业政策正在热切地鼓励人们一天多过一天地生产。当时正是二战刚结束，一方面要填充巨大的食物欠缺，另一方面要弥补战争造成的损失，这种政策合情合理。于是，运动轰轰烈烈地展开了，国家的生产补贴也旨在提高生产力。生产多种作物兼带养殖，让位于单一作物的垦殖。用于购买各种机械的贷款可以轻而易举地获得，并且非常合算。随着耕作面积的扩大、土地的合并、机械功能的不断提高，以及化肥、农药、优选种子的大量使用，农业产量不断增加。

在其他作品中，我已经大量地论述了这些问题，在此不再赘述。① 西方世界的"农业史诗"至此终结。数千年来守护着大地母亲的农民消失了，他们不自觉地参与了盲目的增长和无节制模式的统治。它们的破坏力，正让今天的我们哀叹。其中最悲哀的是，这些被金钱万能的意识形态所束缚摆布的守护者们，已经而且继续在破坏人类共有并赖以生存的土地。他们本该是对其呵护有加，再传给子孙后代的。这一使命的完成原本需要人们的行为符合"一个家庭的好父亲"这一标准，正如在以前的乡下土地租约上司空见惯的字句。然而，众所周知，保护家业的这一考虑在各种交易中已被抛诸脑后。

国际竞争和市场规则让农民乃至最贫困者在经济上互相摧残。现代生产方式本该根除的饥馑，却因为贪婪的机制更为深重。但愿那些还未被从物质和经济上摧毁的农民能够懂得，无论如何，为了他们自己能被救赎，

---

① 参见皮埃尔·哈比：《从撒哈拉到塞文——梦境的重新收复》（ *Du Sahara aux Cévennes ou la Reconquête du songe* ），天真出版社（ Éditions de Candide ），1983 年；《蜂鸟的贡献：面对变革的人类》（ *La Part du colibri : l'espèce humaine face à son devenir* ），曙光出版社（ Éditions de l'Aube ），2006 年；《为了土地和人类的宣言——呼唤意识的起义》（ *Manifeste pour la Terre et l'Humanisme - Pour une insurrection des consciences* ），南方文献出版社（ Actes Sud ），2008 年。

每个大小适中、生产多样农畜产品的农庄都是一个据点，都可以抵制无良心、无底线、贪得无厌的利益之爪。自我节制并尊重大地母亲，不但是他们继续生存的保障，也关系到他们的尊严。我常常梦想一种新型农民的降临，如同一个自由的小王国的君主般治理他的小农庄。在经济衰退的环境中，金融危机将会使我们看清真正的财富所在。无论从哪个角度看，它都应该使世界的领导者们重新审视社会模式。在依靠农民的辛勤工作制造出可耻的财富之后，利益至上的思想正在渐渐饿死他们，甚至有一天会将他们从地球上抹去。

第 2 章　现代性是一个谎言吗？

在这一章里，我会讨论现代性这一概念，但不是为其再添一曲赞歌，而是要做彻底的批判。它有可能是人类有史以来最虚伪的概念。当它的破坏作用逐一暴露时，我的批判也会越来越严厉。我会为我所说的负责。铁砧的寂静所诱发的反抗动力从未停止增长——随着对当今世界目标和基础神话的解读，了解其对过去世界的看法后，反抗的必要性也逐渐确立。否认现代社会在政治、科技和医学等方面取得的进展是不公平的和荒谬的，但是，这些正面成绩不仅没有丰富我们已经取得的成果，反而将后者彻底抛弃，仿佛在此之前，人类文明的精髓不过是蒙昧与迷信。正是由于这种极权般的傲慢，我们今天的世界才从南到北都呈现出单调划一的面目。

进步：神话与现实之间

当今世界为之着迷的技术和众多发明，都打着"众人均想"的旗帜，但事实上这只是神话，仅仅是一个几近形而上的原则的具体呈现。这个时期原本被视作是要解放人类的，但在它诱人的表相之下，我们发现，它是建立在对西方人这一造物主的崇拜之上。这个自封的造物神，仅凭其理智便欲与奥林匹斯山上的众神平起平坐。古希腊人已经开始称颂和赞扬理智的至高地位，这一公设加上不容置疑的物质理论，将我们所说的精神性挤压成为菲薄的一小份。这之后，在彻底的物质主义的影响下，欧洲新生的科学思潮中，精神性更是片甲无存。形而上学的先决条件是立人类为王，宣告自然从属于人类，其中有一个明确的原则即地球仅是一个可开采资源的产地。假设世上有一种不受任何束缚的思想，当看到这一原则对生命生存基础所造成的灾难性后果时，一定会质疑：自然造就人类的唯一目的，是否就是为了自己被人类祸害？我们如何才能支持这样一个荒谬的假设？那个自诩创造了一切的神，不也曾在他掠夺的冲动中，认为自己的疆域覆盖了整个地球？

尽管如此，为了不使所有的指责都冲着现代性去，我们也必须记住，对地球及其森林所代表的生命宝库的掠夺与分割，在从所谓原始文明到更先进的文明的过渡过程中已经造成了严重的损害。①

每一个人都是生命的创造，但与生命智慧绝缘的绝对理智主义，造就了如今这个处在极大困境中的平行世界。它的另一个后果便是这一全球性的陷阱，今日世界深陷其中，不知如何抽身。在我们日常生活的小世界里，我们会发现，现代的生活给我们带来了越来越多的局限，我们越来越依赖一些事物。

两三个世纪以来，现代性创立了"矿物式思想"（pensée minérale），否认并铲除了与这个模式不和谐的一切。我所说的"矿物式思想"是指完全的实证主义思维方式，它排除一切主观的、感受性的或与本能有关的参照。它似乎将现实分割开来，机械看待，并催生了无数相关领域的专家。这与生态学正好相反，后者寻求的是事物的统一性和相关性。"矿物式思想"与宗教信仰类似，

---

① 参见菲尔菲尔德·奥斯邦（Fairfield Osborn），《我们被掠夺的星球》（*Our Plundered Planet*），利特尔·布朗及友人出版社（Little, Brown and Company），1948 年。法文版书名为 *La Planète au pillage*，南方文献出版社（Actes Sud），1949 年。本书讨论了人类对地球的毁坏。——译者注

也建立在一个被认为是绝对事实的信念之上。这种"矿物式思想"带着顽强的传教式的精神，试图将理性主义拓展到全世界，认为它是唯一可以无差错地认知这个世界的方法。虽然不能百分之百成功，但它竭尽所能将不同民族的信仰清除，扫掉他们通过主观方式获得的经验，因为这些经验在专制性的科学观点看来只可能是蒙昧与迷信。

但是，这种思想的最大罪恶则在于将美、生命的伟大甚至人类本身出卖给金融的粗俗，并在它的调停下建立起一个囊括全球的规则。这个规则的后果之一便是所谓的金融危机。看到生命如此被无知亵渎，如何能让人不义愤填膺？今天的世界建立在没有灵魂的理性主义之上，这样的世界就仿佛失去了诗意，更易使人空虚、看破红尘。人口集中的城市越来越大，真实的创造性的空间越来越小；没有被事实和实验证明的抽象概念越来越多，其存在的时间却越来越短。同时，更多的人在探寻更有意义、更轻盈的幸福人生。在不过分乐观、仅根据对现实的观察的情况下，我们可以说，随着人们逐渐意识到生态和社会越来越严峻的现实，普罗米修斯的失败引发的新思考正在诞生。①

我曾有过在工厂工作三年的经历，工友们来自法国的各个角落，或者是从国外移民到法国的。在这个操劳忙碌而报酬微薄的世界里，人们通常被一个毫无意义甚至有害的工作触目惊心地捆绑在一起。摆脱这种境遇的唯一办法，是造就一个能让关爱他人、真挚、博爱这些品质得到充分发挥的世界。说到捆绑，是否有必要重新提起泰勒②所推广的流水线作业？这种流水线作业将人变成一个生物齿轮，重复同一个动作，直到筋疲力尽。那些患硅肺病的矿工——他们从地底下掘出高炉所需的矿物和燃料——是否需要聊聊他们在深井中的工作条件？这样的例子还能列举很多，那么，怎样才能在这种普遍化的奴役与人道主义的要求之间找到平衡点？作为仓库管理者，我也曾是这个世界中的一员，也曾不自觉地时时感受到这个世界的氛围以及这个氛围对其成员的影响。今天，如果试着回想，我的脑海中会浮现出一个金字塔

---

① 普罗米修斯所盗的天火，被一些哲学家看作是技术和知识的象征。——译者注

② 弗雷德里克·温斯洛·泰勒（Frederick Winslow Taylor, 1856—1915），19世纪末所谓"科学管理"理论的创始人。——译者注

的形象。这是一个几乎军事化般的阶级金字塔,上面是重要的人,掌握着一切正面事物——高工资、社会的认可、权威等,以及这一切所带来的好处。同时,金字塔下面的人却只有负面的东西——微薄的收入和恶劣的居住条件。在这两者之间是一个个等级,人们要向上不断攀登,并小心不要下滑,这些等级是每个人发展或成为优秀者的道路,正如目前的教育制度所规划的那样。我清晰地记得在一个环境不堪的油漆车间中,除了工作技术和能力之外,贫苦的人们还把自己的身体健康也完全交出,只为了获取一份可怜的工钱,以资生存。在这个特殊的人类蜂巢中努力劳作,被赞为美德。直到今天,服务于无休止的、高速运转的生产场景都是无限的经济增长中不可能触碰的典范,不符合或者质疑这一原则的企图都是严重的分歧。要是在另一个时代,有这样的企图恐怕是要上火刑架的。

观察今天被强加给人们的、被堂而皇之地说成解放性进步的这些条件,我无法不使自己把这个系统想象成运用到人类身上的无土栽培方式。我经常在讲座中谈到这一问题,我请听众审视人们在现代生活中的轨迹。从幼儿园到大学,我们都生活在一个封闭的空间里。我们平常不自觉地应用的词汇就很有代表性:某些人会"进"部队,某些人会"进"或大或小的公司,而娱乐则需要"进"夜总会——怎么去?当然要"进"车里被运去!——在哪儿?当然要"进"包间!甚至还有"进"养老院,直到人生轨迹走到头,"进"到什么都不能再打搅的永眠的盒子里。

不管人们有没有意识到,在城市居民的生活中,抬眼看不到地平线,一切都那么狭小。电视用它的画面证实了世界之宽广,让我们有那么片刻遗忘了生活的狭小。在这个世界里,钥匙、锁、密码、监视器无所不在。这种预防、怀疑的氛围显然只能生产出加剧不安定感的社会毒素。与此同时,真正的壁垒和路障被不断地修建起来。但还有一个更令人忧虑的情况,它更像一个圈套,那就是用无孔不入的、电子的、信息的、远程的工具植入人类的心灵。它的影响是如此深刻,人们发现它正以其自身的应用塑造年青一代。书写,这个千百年来传统的交流手段之一,正逐渐被屏幕取代。在这个苦于缺乏温暖联系的社会中,屏幕是否能将孤独的灵魂联系起来?暗暗地但稳稳当当地用着这些假称解放、实则使人附属依赖的工具,现代性是否正在赢得这场彻底将人变成奴隶的战争?这是不是一种在全世界范围内将精神克隆或标准化的方式?先前的经验促使我们生发出无限的想象:我们知道,如果不联结集体智慧,个人智慧便无法发展;然而,个人智慧是否正在信息的星云中被降格为某种生物电子的零件？它接收并发出信息，同时并不明了对人类全体的演变所产生的影响。如果不清醒地意识到这些影响，却指望人脑能在接纳这些强大的机器，并且在把某些极其复杂而微妙的功能交给它们之后，还能安然无恙地脱身，这纯粹是幻想。之所以创造出这些看不见的工具，人脑的目的是不是要取代自己呢？这是一个远超我们想象的、更严重的问题。就像汽车这样较为简单的工具，也是将司机作为一个生物零件纳入其复杂的构造中以使其能够移动。司机所能够感受到的自由和强大，是以他遵守汽车事先设定的条件为前提的，只需要一个小小的机械故障或燃料的缺乏就可以证明这一点。

今天，人们随时随地都能获得信息。节制，是不是也能让人明白，这一现象的实质是让我们抵押了自由？另外，人们坚信无疑的观点也可能是最彻底的错误信息。一切的假象、一切的神秘化都是可能的，我们有理由为"真实"担心，因为它是开明社会的基石之一。今天，我们见证了信息超级市场的诞生。其中，一切信息以及与其相反的信息都是共存的，人人都可以撒谎或辟谣；数量众多的著作无非是作者在无穷无尽的事实和数据中选取叠加，并凭自己的意愿加以阐释的成果。卑劣与美德交杂的无垠大海中，诚实的公民想要得出一个观点，则会越来越难。虽然他们迷失在"要"或"不要"、"赞成"或"反对"的森林里,喊出了:"出路在哪里?""真相在何处?""真相是什么?",但人们仍可随时享受寂静带来的安慰。啊!寂静,多么美好!如果能时不时地来个信息节食,就好像洁净身体的辟谷一般,可能是一个最有意义的节制行为。

我们需要走出这个进退两难的境地,我们怎能无视在这个模糊的信息星云中诞生的新权柄?我们的存在深处的最隐秘、最私人的信息的外泄正在变得合法。现在应该从这种要命的、几乎令人着魔的诱惑中醒来,好好欣赏生命给我们的赐予,重拾敏感与直觉,使我们真切地接受现实给我们的信息。任何由清醒的意识操作的工具都不至于扭曲我们的人格。节制显然是使人类社会真正服务于人类和其他生物的条件之一。有史以来,从来没有过比现代社会更容易产生依赖性的组织形式。无数工具产生的唯一目的似乎只是为了使人能勉强忍受生产的狂热,但当前我们必须开始质疑这样一个规模巨大的、不正常的现象。现在难道不应该逐渐建立一个新的体系吗?在这个体系中,要由从幻想中解脱出来的个人和集体意识决定生产的节奏、效率、工具和方法。对于这个体系的建立,节制的思想也可做出贡献。

利润至上

在其最初的原则和最早的发明诞生时，现代性本来可以凭着工业革命成为人类历史的一个机遇，但它犯下了一个巨大的错误。在今天的巨大危机中，我们才看到这个错误的灾难性后果。它完完整整地将人类的共同命运，以及地球这个行星的美好和崇高，通通置于金融的庸俗的脚下。于是，大势已定，不能被标价的一切事物都变得没有价值。货币的发明本是为了物物交换更加合理，它庄严地代表着人们的努力、想象力、创造性和于生命有益的物质，但它的性质却被称为"睡着觉赚钱"的金融市场扭曲了。这些评述在今天已经司空见惯。但千万不要忘了，金融的影响可不仅仅限于所谓诺贝尔经济学奖获得者所做的学术分析。我们今天说的"经济"浪费且易产生破坏，从根本上处在真正意义上的"经济"（即划算）的另一端，即处在它的反面。

我们只能再一次确认言语如何欺骗理智，以及如何堂而皇之地维持误解。正常情况下，对于一个朴实的人，经济是一门神奇的艺术。它的存在本是为了处理和调节资源的交换及分配，避免最小的浪费，惠及最大的人群，不做有损根本利益的、无益的或过度的开销；浪费一类的贪婪行为与它背道而驰。从其本质上来讲，经济早已与人类的存在不可分割——松鼠已成了我们所熟悉的标志[1]；勤劳的蚂蚁拒绝向散漫的知了出借口粮；蜜蜂储存食物以应对短缺，而不是为了投机。人类在"没有什么被创造，也没有什么消失，一切都在转化"这一原理支配的现实中，似乎是唯一一个挥霍的物种。

在电视节目中，一个已经很富有的人被问到他是否觉得自己像捕食性动物。他在回答时提起了物种为生存进行的斗争，声称自己只是简简单单地执行了生物原则。这样，一个根本的问题被避开了。人们本该提醒这位先生，人类的掠夺与动物的捕食具有不一样的性质。一只狮子吃掉一只羚羊，它对这个生命的赐予心满意足。它没有银行，也没有羚羊储备；如果没有进食需要，它们可以在同一处水源喝水消渴。所以，我们才能看到狮子与羚羊，以及它会捕食的其他猎物并肩饮水的画面。当然，也会有捕食者利用这个时机进行狩猎。

远离了物种生存和延续这些基本原则，人类陷入了自己幻想的陷阱。他们赋予某些金属或石头高昂的象征性价值，把它们当成拥有这些东西的人的财产。欧洲的

---

[1] 松鼠是法国储蓄银行的标志。——译者注

征服者们狂热地成群奔向金矿，暴力和死亡不断发生。这种现象让一些印第安人深深地相信，这种金属会使人神经错乱，一定是不可触碰的，否则便会招来同样的癫狂。我常常感叹，淳朴的心性是多么善于揭示深刻的原则。是的，金子使人类疯狂了。

我们可以客观地询问：这么多的不理智，如何能这般悲剧性地影响整个历史？抑或钻石一类发亮的石头，是否值得让矿工的一生深陷于大地的肚肠之中？而这只是为了某些美丽的女人，能在盛大的晚会上，在浮夸的吊灯下，展示这些石头，并由此肯定她们属于富人阶层，但这并不能使她们置身于生活的苦恼之外。有时我们还能看到，在这些被所谓财富簇拥的阶层中，一旦一道不带丝毫幻觉的目光扫落那些金色的外饰，心灵的痛苦又是如何与常人一致。

一切牺牲的根本需求，是将历史推入动荡之中的多余之物，若要开个清单，则会很长。在当代社会，如汽车这样非常有效的能助人行动的工具，也被过多地赋予了种种荒诞的意义：自由、强大、逍遥、幸福、色情，等等。为了促进销售，广告毫不犹豫地操纵人们的无意识行为。这些手段纵然合法，却与操纵信徒的教派手段无二。最后，就好像是为了使消费带来的快感更为强烈，广告劝我们沉湎其中，无须节制。

由此看来，无节制似乎是人类主观性的产物，孜孜追求超越日常之平凡，听任不断更新的、无止境、不满足、富有竞争性的欲望生长，目的在于以自己的外表引起同类人的倾慕。让人倾慕，这一人类模仿行为的重要步骤，使欲望更加迫切。然而，迫于有限的条件，欲望有时是得不到满足的，挫折感由此产生，激发了人更强烈的获取欲望。后面这种情况，便会为无节制的行为机制注入动力。比较和模仿，由此成为痛苦的因素。与之相反，节制的精神能战胜欲望，带来贪婪垂涎之物不能给我们的深刻安乐感。

以自然且自觉的节制作为调节剂的各种传统文化，正把自己的位置让给过度文化，并因此使"我们属于大地"的观念被毁灭，变成了"大地属于我们"。与现代性一同降临的这个历史现象，靠着科技奇迹般的效率正在加剧传统文化的终结。在整个地球范围内，一切以能源燃烧为基础的方式全面建立，人们对时间和空间的认识发生了深刻的变化，技术给它们的发明者带来了财富，也使它们的受益者享受着有史以来从未有过的权利。但由于意识的演变还没有足够的能力去控制和影响发明，从而使其只用于有建设性的领域，大规模灾难发生的危险一天天迫近。

如此，创物的人有些得意忘形，建立在单纯理智基础上的科技使他们可以超越自然从生命起源时便建立起的规律和限制。远古的人们寻求与自然和谐相处，但违背此精神的人却专注于驾驭它、统治它，凭自己的愿望利用它。迈达斯王点石成金的传说正符合当下的时代，只可惜黄金不能吃。

农牧文明消失了，人们狂热地追求某些矿物质，这造成了我们今天可以在生物圈中看到的灾难性后果。从"动物马"到"蒸汽马"，西方大大地领先了别的种族。接下来，先进的军事装备成就了前所未有的一致化，最后的结果就是领土占领和占领者对资源的合法掠夺。

欧洲人在全世界的征服也造成了南北世界的分化和差距，同时树立了至高无上的金融之神的地位。没有工资、没有收入的公民不再与社会有任何真实的联系，他们会成为国家繁荣最低程度的指标。这个功能在日常社会面貌中是如此司空见惯，引不起一丝一毫的愤怒。从此，这类公民全靠国家、慈善机构或民间组织的社会援助，延长他们在这个世界上几乎不能称作生活的存在。愁苦的草民也给有钱的公民们带来了享受着良好命运的快感。支离破碎、充满隔阂的社会一边带来更多的焦虑，一边分泌抗焦虑因素，让人在理智和心灵上都忍受着按常理无法承受的日常现实。

总而言之，患上了影响其心灵的"利益病"的人类，首先将一个神话当作了信仰，被自以为自己占有的事物占有着。经济学家们用数字、公式、比率解释一个看起来有理性的体系的运行方式，但是，他们隐藏了一个决定性的事实，那就是金融本质上是一种几乎形而上的信仰，深植于人类主观意识中不可攻克的最深处。在那里，金融成为贪得无厌的思想，也成了守护一切的神明。它肆意玩弄着人的希望和失望，操纵国家，给予人虚荣的强大感作为解药。因为不再与世界的宏大有任何联系，人生变得无足轻重。这样的渺小，让人恐惧。失去世界广阔的背景后，又怎样才能明白金融现象占领了一切的现实？最开始叮当作响、互相撞击的物质，变身成了虚化物。它激发一切可能的挫败感的目的只有一个，就是维持它新生的崇高地位。正是为了讨好它，我们才制造出有辱人类智慧的武器，并在这个星球上建立起这个吃人的体系：全球化。

时空坐标的混乱

很明显，在时间就是金钱的现代社会中，人们对时间的感受不再踏着与数千年前同样的节奏。事实上，如果没有我们对时间的感受和认识，后者并不存在。给我们的生命定制出可以衡量的标准，在某种程度上来讲不过是一种幻觉；如果没有我们的感觉，就只有永恒，即某种"无时间"。

现代世界深刻地改变了一些永恒的、世界性的参数。在工业革命之前，这些参数使人类学可以用同样的一些指标去考量整个人类。所有的民族都生活在大地的、宇宙的和时间的现实之中。对这个真实性的感知会随着族群的不同而异。在此之上，还要加上生、死、爱、苦这些形而上的话题。人类学在人类现象的解答上获得了长足的进展，但还有很多未竟的领域，只需审视自己，便可知道要认识自己的难度有多大。所以，我们将谦逊地讨论这些问题，同时也尽力把"人"的因素加进来。不成为"人"，我们来到世上又有何意义？

在几乎所有的传统中，时间似乎并没有特别的性质，它似乎静止不动，而人的命运被刻进它的轮回中，诞生、繁育后代、死亡。在"无时间"的远古之后，农耕文明有了一些更为确实的认知，在我们的纬度下，根据季节，有了耕种和休憩之分。这个时间是宇宙性的，对于先民来讲，没有一年一度需要纪念的日子，也没有别的丈量时间的方式，流逝的似乎不是时间，而是他们自己，流向一个跟此处一样真实的已知的彼处。到了现代，尤其是在时间跟金钱挂上钩之后，流走的确是时间。因此，时间不可以被浪费，只能被创造出更多的时间，这就是人类集体生存方式狂热的根本。在挂钟、手表、秒表的监督下，时间被切碎成了小时、分钟、秒。纵是柯罗诺斯神①也会为他不曾想象的这种歇斯底里感到困惑。运动场上，被切成碎片的一秒钟也能赐予或夺去运动员的胜利，他的身体做出的极端努力写在他抽搐的脸上，证实游戏规则的强迫性。这种狂热，就像是一种集体的、我们不愿或不能放弃的明显的不正常状态。它还促进了快速出行和沟通工具的发明，以更好地服务于人类自己。节奏飞快，时间总是不够。这部机器侵扰着人，让人生出挥之不去的焦虑，使每日被欲望折磨的身体僵硬痛苦，动弹不得。从上到下的各个社会阶层，都是注定要终生献给生产力的。这个系统所造成的废弃物的比率，便可以证明自称理性的社会的不理性之处。

再者，随着信息工具的普及，时间观念在今天发生了一个出人意料的但决定性的转折，它使人可以及时地

---

① 柯罗诺斯神是古希腊神话中的时间神。——译者注

获取世界上的任何信息，可以跟远方的人交谈。它们是这些神奇工具中的一种，能缩短时间和空间，甚至能将它们取消。在根据永恒的宇宙循环建立的时间和歇斯底里的无土文明时间这二者之间，出现了一个"时间泡"（bulle temporelle）。这个"时间泡"使心理时间不再限于习惯性的参照标准，自相矛盾地让人感觉可以无限缩短或是无限延长。然而，我们的心跳、呼吸频率，或是血液循环，不停地提醒我们，我们是关联于宇宙的，而不是接在发动机的连杆上。

归根到底，为了赢得时间而创造的工具，若服务于没有设限的生产效率，则无任何意义。

"西方人发明了节省时间的工具，然后我们不得不没日没夜地工作。"第三世界的朋友对我如是说。

我们可以提出这样一个问题，与现实有差距的虚拟时间正一天天地成为现代人存在的主导模式，它会不会对人性深处带来影响？一天，我问朋友，他们正在上大学的儿子是否在家。他们说他在家，但也不真的在……我后来才明白，他的身体是在屋里，但同时，他的精神已被键盘、鼠标和屏幕完全占领——事实上，他离父母很远。这些工具给他带来的兴奋到了魔住他的程度，他与一群新型幽灵们联合到一起，跟他们说着与家人说不起来的话。不过，虚拟餐食还没有被发明出来，他在餐桌上转瞬即逝的出现，是他留给家人的唯一亲密时间。

越来越多的人开始深切地希望重新找回真实的、与周围的人亲密融洽的时间。混淆"通信"与"关系"将是有害的，取消每个人的生活圈里真实可靠的社会联系将祸害无穷。通信工具、远程控制和信息工具，它们总会有巨大的内存，但它们永远也不会有回忆。它们是增强了社会联系，还是连接了孤独？毫无疑问，互联网有着将信息从专断的权力中解放出来的功劳，因此，它可以参与一个美好的、全球性的精神共同体的建设。但它同时也是"胡"联网，因为它可以传递、扩大、推动世界上一切的卑劣之事。就如同人类发明的一切工具，它能服务于最好的，也可以服务于最坏的。一切取决于使用它们的意识。

另外，我们不无忧虑地观察到，先进的工具常常迫使人类改变自己的生存模式，以适应它们的功能。这些发明的影响范围越来越大，它们会不会令我们失掉简单的、可控制的、可持续的反应能力？这些说是要服务于人类的复杂工具，实际上正在让人类服务于它们。伊万·伊利奇[1]已经阐明了他所称的"工具的逆袭"（retournement des outils）的理论：工具，因为它们的复杂性，逃出了使用者的控制范围，修复它们需要越来越专业的人。今天，谁还能把电脑、手机、电视弄明白再修好？就连汽车，不久以前还只有一些比较简单的组件，有问题人们还能处理，现在也变得让业余修理者不知所措。

建基在完全依靠常规能源的工具之上，现代徒有其表，而显然是最脆弱的人类社会阶段。化石能源和电力的消失能在瞬间使整个系统瘫痪，这种场景简直不可想象。在这种情况下，反而是没有这些材料，没有这些林林总总的先进技术的族群，能避开这样的灾难。这些人群使用的主要是代谢能量：人力、畜力以及元素的能量。后者正是现代生态学所提倡使用的。另外，人类的破坏亦无限度。我们知道，"敌人"对通信设备的干扰和破坏也是军事战略的研究项目之一。由此便可想象，一个因所有屏幕被关闭而变得又聋又哑的国家，是多么地不堪一击。

---

[1] 伊万·伊利奇（Ivan Illich，1926—2002），奥地利美籍著名思想家，研究领域涉及生态政治学、工业社会的批判和绝对自由主义教育，是反对工业社会盲目增长思潮的先驱。——译者注

当然，在太多的时候，一些人会觉得这是科幻的想法，但他们忘记了曾有多少被世人认为不着边际的假设由现实所肯定。我们今天在哀叹的人类行为所造成的某些灾难性后果，以前也曾被认为是不可能的。赫胥黎写下《美丽新世界》时被看作不现实的胡言乱语，但今天我们才知道，今日的现实还不止于他的预言。他预测不全，可能是因为他的预言仅仅建立在客观标准之上，只对一个完全理性的世界做出预测和展望，因此并没有考量一个重要的因素：人类的主观性。股市暴跌并不仅仅是金融机制运转失常的结果，也要归咎于像忧虑、贪婪、野心等主观的参数。

要懂得世界的进程，不考虑人类非理智的特性是不可能的。最严重的暴力情况，比如战争，其动机总是信仰、国家主义、意识形态、神话以及象征，而像常常说到的领土归属一类的现实问题，则常常只是借口。巴以冲突便是众多例子中的一个。造成如此深重的痛苦和严重的破坏，我们不能仅归咎于领土问题。象征意义和宗教考虑，才是深刻地阻碍问题解决的关键。虽然人类创造了种种了不起的科技，但还没能发明出测量自私、贪婪、野心、恐惧、美德以及缺陷的仪器。这样的仪器或许能将社会演化中最起决定作用的因素考虑进去，但这也再一次说明，只有个人向正面转变，才能使世界发生正面的转变，没有别的路径可选。

在今天的困境中，我们越来越难弄明白，到底是什么原因造成了目前整个生命体如此严重的损害。这种损害就好像在一个复杂的体系中，将人类的知觉、能力和冲动，也作为简单的组件纳入一个森严的规则，甚至废除了自由意识这一人类的重要属性。就算是这个已然确立之体系的反抗者，也在用日常行为维护着它：购物，照明，消耗水，使用电话、电脑、笔记本，出行，等等。我常常哀叹自己的无能为力，当我无法逃避某些与我的意识相悖的情况时。比如，我不得不为了宣扬生态学和生态农业而开车或乘坐飞机污染大气。保持内心深处的向往与行为的一致的机会，是有限的。我们不得不参与现实，但是，努力实现更多的一致性刻不容缓。不一致的现象不能再让人觉得司空见惯，更不是不可改变的。我们必须抓住一切手段、一切机会，不能小看一切"小决定"的力量。这些小小的举动并不简单，它们将推动越来越多的人所向往的世界的来临——至少，我是如此感受的。

第 3 章　祖先传下来的智慧

我一直觉得，多年来我所感受到的节制，要定义它非常困难。我可以把它当作一种生活方式，但这还不能全部展现它的细微之处。它也可以被看作一种深思熟虑后，对过度的消费社会的反抗姿态，对无度消费的公开抵制。这种行为出自对公平的需要——在这个世界上，一边是过度充裕的物质，一边是极端的贫瘠。宗教界将节制作为一种美德，一种修行。事实上，我感受到的节制，这些因素都有一点儿，但也不全是。除了以下这个完全真实的小故事，我没有找到更好的解释方法。

一个非洲村子

这是一个非洲的村子，处在一个半干燥的、正在逐渐沙漠化的地区，阿拉伯人把这里叫作"萨赫尔"，意思是"岸边"——撒哈拉沙漠这个宽阔的矿物海洋的岸边。

事实上，20世纪70年代的大干旱残酷地摧毁了这里的动物、植被和土壤，位于沙漠和热带森林之间的这个地方深陷于困苦之中，生活来源不稳定，人们有时勉强度日，有时候则干脆是极端的贫困。然而，一切又都让人觉得，生命的力量同样无处不在，它并没有放弃这里，只是固执地生长于孱弱的植物中，或者一刻不停地试图果腹的动物身上。它也常驻于人们心里，这里的女人辛劳而又奇迹般地快乐着，男人数千年来改不掉闲散的习惯。时不时地，不知从什么地方，温热的旋风升起，带着尘土肆意旋转，扫过大地，最后不着痕迹地消失。田野里，立着珍珠粟、玉米和高粱的光秆，枝头的重负已被除去，秋收刚刚结束。

　　年轻的农民们兴高采烈地跑进村里的空地，来到老人周围。他衣衫褴褛，背靠着房子的红土墙，蹲在一张席子上。老人很美，不是因为他有精致的面容，而是因为他镶嵌了一圈白胡子，布满皱纹的脸上透出无比的安详。他双目失明，但这也给他带来了更多深刻的思想。他活在宁静和梦幻中，可以说，他活在自己的世界里。时间似乎静止不动。酷热中，他偶尔扇一下扇子，就像是尊贵的化身。他就要去到祖先们所在的某个地方了，去那里活着，并保持着和这个平凡世界的联系。年轻人满怀敬重地站在他的面前,老人表示,他从冥想中走出来了,可以听他们讲话了。一个年轻人开口说道:"长辈,我们来告诉您一个好消息,靠着上天的慷慨,充足的雨水浇灌了大地。今年,土地也慷慨地给了我们一个好收成,直到下一次收获我们都不用担心了。"

老人用小声的呼喊表达了他的喜悦,说:"我们要感谢大地和使它多产的上天,我和你们一样高兴。"

片刻的宁静之后,年轻人又说:"我们也要告诉您,村东头那边的地,我们撒了白人带来的白色粉末,收成是原来的两倍。这种粉末比厩肥更有效,让我们看到了希望。"

老人沉默了好一阵子,好像又沉浸到了内心殿堂的梦境中。年轻的农民们因为老人没有显示出兴奋而觉得有些尴尬。老人最后说:"孩子们,我不知道这种白色粉末是用什么做的,但它好像是经过上帝许可的,能给土地带来好处,因此也能给我们的生活带来如此大的好处。另外一个好处便是,既然就像你们看到的那样,它能带来好收成,如果上帝愿意的话,从此我们就可以仅仅耕种一半的土地,甚至更少。我们的劳苦便可因此减轻。总而言之,做有分寸的事情,使满足常常充满我们的灵魂。如果收获超出了我们的必需,别忘了那些还有需要的人,因为上帝赐予我们这些东西是为了我们能带给别人更多的东西。"

讲述这件真实的故事，有一种在大学讲堂里讲大课的味道。我们不知道老人的回答是被年轻人们热情地接受了，还是惹恼了他们。也许他们认为老人并非智者，而是一个被追求生产力的时代抛弃的观念陈旧的落伍者。慢慢地，生产力逐渐渗入了人们的头脑，对这些年轻农民潜移默化，让他们和别人一样效忠至高无上的金钱。故事的下文我们已经知道了。这些人曾经能自给自足，现在却不得不辛勤劳作来生产用于出口的谷物，而且还不能保证自己的口粮。他们就这样参与了外汇的赚取，原因是他们的国家加入了全球化的进程。他们不得不使用化学物质保证产出，但这些物质来自石油，他们不能生产，而且价格昂贵——就这样，他们被置于市场规则之下，被赶入竞技场。那里的竞争永不停息，他们永远都是失败的一方。绝对的赤贫在这里驻足不走，人们终于开始逃离。

在此，没有必要再论述无节制的机制如何带来了赤贫，这些人的命运就是如此被安排了，从而成为一些无耻的策略的玩物，使他们从节制的生活走向赤贫，正如马吉德·拉内玛①在《当赤贫赶走贫困》一书中所讲的那样。这个问题的逻辑异常复杂，缺乏一个为所有人的利益着想的缜密的道德标准，人们对它无能为力，养育万物的大地母亲也就此变成了金钱的提供者。这也摧毁了乡村中历史悠久的社会组织，造成了这个星球上巨大的不平等。

不久以前，在一个两百人的非洲村庄里，几乎是无法凑齐相当于150欧元的货币的。那么，这些人没有钱，怎么生活呢？对他们来说，钱并不存在，也没有理由存在。他们不靠美元生活，以物换物是生活必需品流通的方式——他们才应该因此获得诺贝尔经济学奖。同样的，他们没有医保，没有保险，没有退休金——取代退休金的，是孩子对老人的反哺式的赡养。人们住在生活资料或是生存资料——他们的土地、水源、种子的附近。他们具备必要的知识以及做事的能力，他们自己修房子——也就是我们今天所谓的"自筹"，社群满足他们非物质的和文化的需求。这个社群不是类似移民一样聚集在一起的一群人。这个社群中每个人都有自己的位置，

---

① 马吉德·拉内玛（Majid Rahnema，1924—2015），伊朗前外交官，关注市场经济造成的贫困问题，著有《当赤贫赶走贫困》（*Quand la misère chasse la pauvreté*，Actes Sud，2003）等书。

每个人对自己和他人都是有用的。因此，社会联系虽然不能保证人与人之间关系的完美，但却足够强大，能够消除孤独。每个人不是单个的物质和精神的存在，而是有着一个最强意义上的灵魂，有着不死灵魂的个体。这个意义非常具体，他将会像祖先那样活着。不管我们对这些信仰有什么看法，我们可以看到，他们面对死亡有一种平静的力量，而在现代社会中，死亡却是多么可怕。

回到我们的中心思想上来。怎样解释在物质时常短缺的族群里，目盲的老者向人们要求节制呢？这时，不能再用简单的逻辑进行分析，也许应该相信某种更难琢磨的东西。这种东西，我曾在我的祖母身上感受到。到底是什么样的感情，启发人采用这种超越普通理智的姿态或是本能？它从千年的智慧中凸现，带来克制的精神，这种精神之美就在下面这一句话中："这就够了。"这种独特的轻盈，绽放在我们的思想深处，将它完整的价值赋予我们生命中所得的一切，让我们心中充满感激。这就是宁静而幸福的节制。

1985 年

1985 年，在里昂地区的一间会议厅中，一百多位受邀者聚在一起，就生态农业问题进行讨论。我负责分享自己在这一领域的经验,以及我的生产方式在第三世界国家的推广情况,我当时谈到的是在布基纳法索(Burkina Faso)的推广情况。我介绍到,这个国家的国土面积约为法国的一半,当时的人口大约为七八百万人,其中96%是农民,他们的国家预算与当时的巴黎歌剧院相当。农民的年平均收入约为40欧元,以国民生产总值和国内生产总值作为指标,这个国家正是国家繁荣程度排序非常靠后的所谓欠发达国家之一。与会者中,有一位五十来岁的老挝朋友,我请他与我们分享他对于年轻时自己村庄的回忆。他走近黑板,勾勒出一幅简单的图,说道:

> 我们的村子安扎在森林里的河边,大约二百人。我们种稻米,这是我们的主要粮食。每户人家都住在大家合力修建的房子里,建筑材料就来自我们自己的土地。每一户都种一小块地,地的面积在水牛的劳动能力之内。保证大家吃饱肚子的粮仓建在通往村庄的路上,河流给大家带来鱼类,作为粮食之外的补充。村民之间的互助团结和亲密是自然而然的,每年都有一次集体捕鱼,用来做干鱼储备。村里的人一起负责照顾鳏寡者、孤儿、老人、残疾人。施行传统医术的人治疗生病的人,守护着所有人的

健康。人人都会生活所需的手工：纺织并裁剪衣物，制作家具、鞋、工具。庙里的长老维护着社会和谐，解决人们的争端。在深受佛教影响的气氛中，一切事物都是有灵性的。当我站在河中的小船上突然尿急时，我不能想象不向河流请求原谅自己将施予它的污浊。这幅图景上的唯一阴影，是为耕作而不断砍伐的习惯，这种方式影响了自然环境的完整。

后来，一项生态农业的计划解决了他描述的问题。这段回忆到最后，我的这位朋友说："一天，一位世界银行派来的专家来到了我们中间，研究我们的生活状况。在检测了所有的参数后，他做了一份报告。这份写给世界银行的报告总结到，这个社群的确气氛不错，但因为人们花太多的时间进行没有产出的活动，所以无法发展。"

这就是说，虽然这样的状态完美地解决了社会的基本需求，但它并不创造金融财富。也就是说，在所谓的经济语境中，人们并不靠土地的出产生活，而是靠美元。美元在今天代表着富裕的程度，但还有数量众多的传统社群仍然靠着真正的财富生活。全身心服从了"金牛犊"①的力量的有钱的人们，当然是背离了这些真实的财富，但如何才能让人们看到这个明显的事实？带着这些考量，我们如今身处种种撼动传统社会所有结构的问题中心，这些问题常常为"文明"所批评，因为它们为了使人服从社会的规则而限制个人的自由。钱，如今才是绝对的主人，由它来定义什么是富裕，什么是贫困，什么是赤贫。

专家的报告被呈给了政治家们，他们曾在西方的高等学府学习，吮吸着现代乳汁长大，早已吸收了那些箴言、信念、教条。他们不无"惊异"地，甚至带着耻辱地看到他们的人民还如此"落后"，决定负起使命，将人民提升到与真正的"文明"相称的水平。于是就像在欧洲已经经历过的那样，将传统连根拔除的现代化进程开始了，对精神的殖民与对土地的殖民同时进行。也许不该忘记，在不久之前还文化多样的欧洲大陆，已经上演了新文化对已有文化称霸的一幕。工业革命之前，漫游于欧洲各国的旅行者们，惊异并赞美文化、语言或方言、

---

① "金牛犊"是《圣经》中亚伦为取悦以色列人而铸造的，成为偶像崇拜的代名词。由于语言的演变，"金牛犊"在今天是指对金钱的崇拜。——译者注

居所、衣着、风俗、食物、艺术表达、礼节和信仰等的纷繁多样。这些相对独立的团体并不能逃避大大小小的权势欺压，有权阶层从他们的辛劳中榨取身处上层的好处，神职人员则劝诫他们要接受上帝安排的命运。当民主与人权回头审视时，它们必须看到欧洲民众以前的生活是多么地艰辛。正是为了打倒权力的专断和对人民的剥削，一系列的革命才爆发，并建立起另外的特权，甚至是残酷压迫人民的统治。历史上这样的例子不计其数。

没有什么被创造，也没有什么消失，一切都在转化

我们所谓的"经济"，就像我在前文中说到的，与真正的"经济"是背道而驰的。人类从来没有像今天这样，借口生存所需而挥霍资源和财富。"熵"[①]的原则从未像今天这样大行其道。然而，整个自然就是一堂生动的课，演示它是如何恒久延续的。正如拉瓦锡的名言："没有什么被创造，也没有什么消失，一切都在转化。"这是在说明大自然没有垃圾桶，它似乎生怕有什么东西被浪费掉。花粉与精子的数量之多让我们感到困惑，因为只有极其

---

① 熵原理是热力学第二定律。美国历史学家H.亚当斯（1850—1901）认为："这条原理意味着废墟的体积不断增大。"

微小的数目能参与繁殖。塞文地区的农民们,也给我上了一节经济课——我曾在他们中间幸福地生活过一段时间。不明就里的人可能觉得这是一群吝啬的人,但他们只是清楚地意识到事物的价值所在,因为要获得,就必须付出努力。他们围坐在沉重的家庭餐桌周围做餐前祷告,然后在感恩的气氛中,在圆面包上画十字,赋予这珍贵的食物神圣的意味,然后才切开分享。这是一种宗教行为吗?的确,但又不仅仅是。我一直都觉得这种行为曾属于人类全体都有过的一种感情。

塞文地区的农民

我曾在阿尔代什省(Ardèche)做过农业工人,因而有幸与塞文地区(les Cévennes)的农民共同生活过一小段时间,我在心底保持着对他们的深刻的眷恋和情感。我怎么能忘记那位老弗洛蒙呢。他虽然已经八十五岁,或许正是由于他的高龄,他还保持着自己的生活节奏。早早起床,吃过简单的早餐,他便带着我去地里给他当帮手,重新砌好葡萄园倒塌的护土墙。虽然耳朵有点聋,记忆也有点不灵光,但他对于我就像一个精神上的父亲,除了安静的劳作,他没有别的教训或箴言。他的每一个精准的动作都像是一场千年流传的仪式。在发达国家也好,不发达国家也罢,我从来没见过一个真正的农民跑步。如果他必须跑起来,其动作必然笨拙。

有一次采收葡萄时,我曾看到了老弗洛蒙眼睛里的窘迫,他弯腰捡起地上散落的葡萄粒,引来了女婿的不满。搞农业经营的女婿催他快一点向前,因为捡地上的葡萄浪费时间,不能带来收益。拖拉机的轰响和尾气的味道提醒着我们,田园牧歌的时代已经过去了。田间的劳动也加入了工业生产的狂热,土地不再产出食物,而是吐出金钱。

我又怎么能忘记杜布瓦先生和他的太太,以及他们在塞文地区的小小农庄呢。农庄挂在峡谷山坡的高处,谷底怒吼的激流并不会打搅原本的宁静,反而会让人感觉到山谷的深邃。就是在这些陡峭山地的冬天,栗子树的王国中,时间就像是没有尽头的,就好像当地人说的,就连狗都要坐好了才叫。他们的房子就像是被钉在岩石上。我去给杜布瓦先生帮忙,作为交换,他手把手教我藤条编织。他们的生活很简朴,壁炉用来取暖和做饭;食物是传统的,自然、健康、均衡,富含热量。夜晚来临,从周围的黑暗中,邻居们出现了,胳膊下夹着聚集取暖的木柴。大家一起围坐在火焰旁,消磨时间,品尝烧熟的栗子,闲谈或是交换新消息,用黑麦秆编织日常所需的物品。夜深了，人们离开，每个人都回到各自冰冷的卧室，用专门的炉子温暖床铺，再钻到厚实的羊毛床垫和羽毛被子之间，享受丰厚和轻盈相交所提供的无与伦比的舒适。

在"黄金三十年"[①]中，在这个将消费视为人类的存在方式的国家里，这是我最美好的节制带来的幸福经历之一。1968年的社会运动曾试图质疑这种存在方式。我还记得这些安详地从事手工业的工匠，比如我们农场隔壁的杜克罗兄弟。他们继承了数百年的箍桶和造车的手艺，但也安装了新设备，在传统和现代的平衡之间，成了热爱自己职业的艺术家。他们能用机器做出好活，使声誉不衰，更能凭着灵巧的手艺创造奇迹。那些像兄弟般的小机修铺工人，以及这一类的各种匠人，也是如此。

在现代社会中，零售业巨头、运输业巨头和技术专家们，一边吹嘘他们的理性，一边勾结起来破坏着传统组织的结构基础——尽管后者具有人性化，凝聚了无数有才华的人，并提供了巨大的创造空间。就这样，一个

[①] 黄金三十年（Les Trente Glorieuses），是指二战结束后，法国在1945年至1975年间经济快速成长、生活水平大幅上升的阶段。1973年石油危机爆发，黄金三十年随之结束。——译者注

大得可怕的系统将我们吞噬、消化,没有别的目的,只为服务一种盲目的、残酷的和愚蠢的财阀政治。对某些人来说,很容易以进步的借口给我的说法贴上"陈旧"的标签。但当今世界所走入的一条又一条死胡同将迫使它重新拾起一大批过去的做法。也正是为了这个原因,我们应该立即开始挽留这个星球上一切有着人性化的事物,以应对石油时代的终结。

祖先传下来的智慧

每当我试图更深刻地探索关于节制的问题,都会有这样一种感觉升起,那就是这种感觉似乎是人类的先祖也有过的——祖先们曾说:没有什么属于我们。那些生活在充裕的资源中而保持克制的人们,他们又怎么说呢?不知道为什么,我很喜爱苏人[①]。在大型狩猎活动中,虽然水牛数目巨大,但他们只获取生存所需的一小部分。牺牲的动物身上没有任何部分被浪费。任何的糟践都是道德所禁止的,都被认为是对神圣自然及其规律的不公。同理,感激大地的慷慨多产也是自然而然的。丰裕之中的节制,是一堂崇高的课。想一想印第安人西雅图的伟大讲话吧,美

---

① 苏人,北美印第安人的一支。——译者注

国总统提出购买他们的土地时,他着力地说:

> 我是个野蛮人,不了解别的生活方式。我曾看见经过的火车撞死了上千头水牛,并放任它们的尸体在草原上腐烂。

几乎所有人类先民都不会在没有生存必需的情况下展开杀戮,为了娱乐而杀戮更是不可想象的——这是严格意义上的亵渎,是在冒犯生命的力量和统治他们的内在神灵。通过感恩的礼节、赎罪的仪式,我们可以看到,人类将其自身的存在建立在适度的基础上。他们在精神上与生命具有神秘的连接——这种谦逊使他们找到了人类存在的力量、理由,享受生命的轻盈。当然,在这里或那里,我们也会发现违反这个规则的行为,但那是十分罕见的。

在无底线的对生命美好馈赠的贪婪出现之前,如果要列举祖先们的节制、尊敬和感恩的做法,这个列表将会很长。我常常想象这些人心中对自由的感觉,比如牧羊人穆罕,我的童年伙伴。我们全村人都把山羊和绵羊交给他,这些羊会在清晨汇集成一群。他穿着生皮凉鞋,踏上沙子和石头山坡的小道,扛着拐杖、哼着歌,时不时对咩咩叫的羊群发出指令。我对他妒忌得要命，目送他和羊群在蓝天下行进，消失在大山背后，把遗憾留给我，因为我得想着去上学，学写字、学念书、学算术，好成为一个有学问的人，就好像人们不停地对我说的那样。夕阳西下，羊群重新在黄昏的红色光线中出现，像一股小溪流般冲下山，融进安详夜晚之前广袤的宁静中。羊群分散开来，回到各自的棚里，而完成了任务的穆罕则消失在小街上。这时候的我得回去完成学校的作业。我的这位朋友少言寡语，身体强壮而目光敏锐，一边嗅着郊野的气息，一边打量着广阔的天地。我不知道他现在怎样了，我们的生活道路分开了。在千年的传统和现代生活之间，我不知道生活究竟优待了谁，而一种执着而痛苦的乡愁，一直在人生道路上陪伴着我。我常常遗憾没有成为沙漠中自由的牧羊人，但怎样才能理解生活对我们的期待呢？Mektoub[①]，一切都是命中注定的。

　　我今天仍然羡慕我的游牧人长辈们，他们领着羊群和骆驼走遍沙漠。像他们这样的人已经越来越少了，他们到处走，不属于任何地方，只用柔软的脚丈量多石的土地或沙子的山丘，在这片无垠的沙漠漫长的地平线上出没隐

---

　　① Mektoub，源自阿拉伯语，表示"写下"之意。——译者注

现。这种生活方式迫使他们必须一切从简——这让他们成了自由的灵魂——因为带上多余无用的物品，会使他们在这片无边的土地上不停歇的脚步变得无比沉重。

我也想起了我的祖母，想起她不知用什么魔法将沙漠植物、几把谷物和两只瘦羊所产的奶变成美食。因为游牧生活的必需，她的住处不过是天穹下一块草草搭就的帆布，一切都很简单。

然而，自由并不意味着彻底的无拘无束，死亡会成为一种惩戒，因而放弃多余无用之物，留下所需和必需之物选择就更加明确。在这个炎热干燥的国度，某个牧羊人要是忘记了取水的绳索，或是盛着珍贵食物的皮袋子，不幸必然降临。人们所需的还有点火的材料以及救急的药物，特别是对蛇毒的解药，当然也得知道如何旅行而不弄错方向。这需要辨认星辰，以及了解一代又一代人记忆中传下来的绝不出岔的坐标。在这座星球上，所有的游牧民族共有的这种文化凸显了简单的力量，糅合了力量、耐心、毅力和轻盈。我承认，我对祖先掌握了这种生活的艺术感到自豪。

在这个简朴的世界里，跟那么多传统社群一样，周到待客是一种道德上的和精神层面的标准。很多从所谓"穷"国回来的旅行者都表示受到了居民的友好款待。生活条件之艰苦,并没有使他们放弃对外人的慷慨。对他们来说,一个人或一家人所享受的丰富是为了和人分享的。上帝给我们,是为了我们给别人。

共同生活的艺术

这些回忆,并不是为了唤起对某个已经逝去的、可能达到了某种理想状态的世界的怀念,而是为了悲叹它没有受到重视。它的正面价值没有被用来丰富现代世界,而是被后者取缔了。我很清楚,应该注意不能过度美化过去,或者掉入"好的野蛮人"的神话。只要有人类的地方,都有痛苦及暴力、嫉妒,等等。传统中也包含着一些会触痛我们的行为和做法。但以这些为借口,而不给在传统中生活、彰显人类美德的人,或者不给这个世界越来越需要的价值作出正确的回应,是不公平的。

传统文化通常都崇尚节俭,他们很可能继承了这样一种原始的观点:人类从属于生命,而不是要做它的主人。演变到新石器时代之后,以储备物资、粮食为基础的文明几乎都背离了节俭的道路。为使其存在的基础更为牢固,变得更强大,这些文明开始粗放地获取,开始要得"更多一些":要更多的土地用来耕种和饲养牲畜,要更多的木材、石灰用来修房子,要更多的造船、冶炼、制陶、烧炭、出征，等等。相对于旧的族群，新的"文明人"所获取的资源数量是相当惊人的。于是，对生存正常需求的满足，被遏制不住的冲动所取代。是否需要提起某些文明被自己造成的沙漠所掩盖，只剩下石化的记忆让今天的考古学家们大快朵颐呢？我们可以说，经济增长的原则从某种程度上讲就是从前述行为中诞生的。令资源持久、不进行挥霍的行为标准被抛弃，取而代之的是资源的耗竭，并只被一部分贪婪的人占有，另一部分人则无权享受它们带来的好处。

我们今天哀叹的不公正、不平等的原则就此诞生，克制欲望的规则被贪婪取代。土地不再是生存之地，而是变成了被无休止猎取的动物、植物和矿物资源的储藏之处。与此同时，这个星球的整个生态系统，也变得更需要我们来加以调节，以建立起一种真正服务于人的、尊重一切生命的经济。今天，所谓的"经济"已变成一项缜密的艺术，即用复杂的科学证明多余的一切存在的合理性。而传统生活则更偏向于找到让人们能简单地共同生活在一起的方式。就算是在恶劣的自然环境中，如炙热的沙漠或寒冷的冰原，人类都能发挥自然赐予的或许是十分贫瘠的资源的效力。这里面似乎有一个人与生命现实之间的平衡点，地球上众多的部落都做到了这一点。即使是对于某些能限制负面冲动的、共同生活所必要的道德准则，或是某些倾力维护社区内的和谐的、善良的权威人物，我也不是要过分赞美它们，而对它们当中不那么吸引人的部分视而不见。无论何时何地，只要真的愿意，我们都能安详地、轻盈地、不累赘地营造一种生活的艺术。在这个被"多余"拖累的世界里，我们真的能成功吗？那个还不明朗的未来，定能给我们带来必要的灵感，使我们的历史能继续。

与生命的神圣关系

虽然不再信仰任何一个宗教，但我仍然应感激它们，它们启发了我的超验意识。我发现，对我来说，节制带来的幸福完全属于神秘的精神世界的范畴。出于人对内心世界的分析，这个范畴变成了一个自由的空间。在这个空间里，我们能从沉重的生存方式带来的痛苦中解脱出来。

人死后还有生命吗？自从人类诞生，这个问题就一再被提出，但答案并不确定。除了某些宗教的信徒们的答案是肯定的，其他人仍在讨论这个难以回答的问题所引发的假设和争议。谁都可以给自己一个合意的答案，肯定自己的信念，或者保持疑惑、怀疑，或者根本不相信有答案。有的宗教从一开始就智慧地宣称，神本身是不可描述的。在这个不可描述的原则下，相悖的甚至相冲突的评论汗牛充栋。在生命这个无法估量的神秘话题中，只有静谧是真实的。地球赐予我们美好与创造性，我们世代孜孜以求，但也不得不承认，宗教、艺术、科学、政治、哲学，没有哪一样调和了这个世界、我们的心和意识。我们可以假设，如果没有这一切，世界可能比现在更野蛮，但我也不由自主地想到，它们也是争议和暴力的源头。

很可惜，我们不断在追问人身后的问题，却没有把这个时间用来理解生命，并在理解其价值之后采取行动，把它变成生动的人性作品，让节制成为它的艺术。无意义的生命饱经痛苦，末了，还要去追问人死后是否还有灵魂——这是多么遗憾的事情，还不如弄清自己是不是真的活过？它在生命的神秘之中又代表了什么？一个完整的人生用什么衡量？经济、政治，或者别的什么？在我们称作历史的这条宁静的河流中，一切都是昙花一现。就连我们所说的"伟大人物"也都消失了，只在无边的宁静中，在我们的记忆深处，留下一个渐渐磨灭的痕迹。所有的学科集合到一起，也无法向我们阐明一切，因为它们只能帮助我们理解现象的碎片，而不是全部。但也多亏了它们，让我们明白了思维的局限，并使我们有可能接触到无限。当思维明白了自己的局限，它便静静地引导我们来到未知的岸边，它平静下来，发现简单的美好，并让我们沉思，思考不带任何目的的问题、期许、野心。沉思将打开我们心灵的深处，使之成为面对一切语言都无法描述的存在。

很有可能，我们渴望了解本质的本质，这个追求却一再撞上无言的静谧，这才是我们最大的痛苦的来源，生活也因此局促在封闭的空间中。然而，整个宇宙都在告诉我们最绝对的自由是什么。知识只能告诉我们一粒小小的种子如何生长并延续生命，却从没向我们澄清生命的理由。

真理，不是一只可以从隐身之处被撵出的猎物，一切的哲学、教义或箴言都不可能抓住它，更不可能把它放进笼子。只有当我们停止思虑，不再忧心忡忡时，它才会现身。只有在无声的静止中，它才来探视我们。在这种情境中，对任何事物的任何看法、任何观点都没有它的位置，没有什么要说的，真理似乎在一切发生之前就存在了，它可能是上天的力量——至少我是这么凭直觉感觉的，但又总是怀疑不定。这种力量，人类的先民，我们遥远的祖先，早就在各种生命现象中感受到了。

第 4 章　走向节制之幸福

"贫穷"的安适生活

这是我自传中某一章的标题,这本书在阿尔代什地区一家小出版社的朋友的坚持之下,于 1984 年出版。我给这本微不足道的书取名为《从撒哈拉到塞文》[1]。为了不致引起混淆,让人误以为是反映巴黎达喀尔越野拉力赛的书,我又加上了一个副标题"梦境的重新收复"。它象征着直面金钱和时间重新收复人的自由,即找回无物的永恒时间,也就是我所称的梦境。它跟我们夜里因为欲望而充斥着种种画面的梦不同,它是完全静止的,是

---

[1] 参见皮埃尔·哈比:《从撒哈拉到塞文》(*Du Sahara aux Cévennes*),甘迪德出版社(Éditions de Candide),1984 年。——译者注

非常有益于灵魂的冥思的。

贫穷（la pauvreté）的概念在这里足以让人困惑，但对于我们来说，它是生活的一个真正选项，而不是又一个道德宣言。未来将属于节制的文明，这个信念在我看来是越来越显而易见了。在这个被消费饥饿症扼住了咽喉的世界上，它是人类生存的必需。

我希望用自己的经历来支持我的言论，它很能说明早在1961年我们就葆有的这种精神状态。那时，我们选择放弃城市生活，回到大自然中，靠着土地的出产生活。再后来，就有了很多读者所知道的《从撒哈拉到塞文》这本书，它被认为是对今天社会的某些特点演变的预测。作为出生在撒哈拉地区一个传统的穆斯林家庭的孩子，我在书中重新勾画了我的经历。为了使这里的表述更清楚，我将借用自传中的某些叙述，请读者不要把它当作我的自夸，而把它当作是关于此书主题"节制的幸福"的陈述。

四岁，我失去母亲，身为铁匠的父亲为了使我能接受教育，将我交给了一对没有后代的法国夫妻。这让我同时接受了两种彼此时常有价值冲突的文化，年幼的我很难承受这个重量。我渐渐长大，在传统与现代、伊斯兰教和基督教、南半球和北半球之间游走。我远离了我的传统家庭，因为抚养我的家庭被派遣到了阿尔及利亚北部。

尽管在学校的成绩不尽如人意，但我成了一名刻苦的自学者。我想要理解这个世界，想要找到答案。我阅读哲学以及人文主义者的著作，我醉心神话，喜爱历史。十六岁时，我成了天主教徒。在这个混乱的时期，我常常自问，这个告诉我说我的祖先是高卢人的文明，对我来说究竟意味着什么？青少年时期，我也同样经受了阿尔及利亚解放战争的痛苦。最后，20世纪50年代末，在绝对的孤寂中，我离开了阿尔及利亚，来到法国。我在巴黎地区的一个工厂找到了一份当技术工人的工作，却很快发现我无法适应这个明目张胆地奴役人类的社会模式。我遇见了米歇尔，我们一起决定组建家庭，并离开这个无土的环境中的世界。1961年，作为回归土地的第一步，我们来到了阿尔代什省的塞文地区。

我们想要实现梦想，却又身无分文。富有同情心的人告诉我们，想要买下一块土地，唯一的可能是向农业信贷银行贷款。当时，这家银行还像一个真正的合作社那样运转。在阿尔代什省南部的雷旺（Les Vans）营业部，我们被告知，贷款的获得取决于贷款者的农业生产技能。这当然完全符合逻辑，但我也必须承认，我当时不符合所要求的条件。为此，我在当地的一个农民之家学习了有关农业的基础课程。课程是收费的，但我们又没有什么钱，我不得不一口气在一年中学完原本需要花费三年时间学完的课程，最后取得了一个小小的农业能力证书。此后，为了实践，我又做了两年的农业工人。

在骑着轻便摩托车跑遍了整个地区之后，我终于找到了一个让米歇尔、也让我自己喜欢的地方，我们决定就在那里开始生活。我手中拿着地籍图，心中充满希望，前往农业信贷银行登记。但关于这块土地的描述让营业部的经理十分困惑：四公顷干燥多石砾的石灰质土地，上面是一小片一小片的田地，好几代人曾在上面辛勤地清除石块；石砌的农舍虽然还竖立在这块并不丰腴的土地上，但需要较大的维护工程；只有三十多立方米的雨水汇集在储水池里，储水池是前人安置在地下的自然断层中的。

银行的职员认为我们的选择是如此不理智，宣称不会把钱贷给我们，否则就是在帮我们自杀。这一时期，乡村人口大量流失，弃置的农场数目不断增加，经理放到我面前的单子就是明证。他的手指从上往下划过清单，停在一个农场上：四十公顷土地位于埃里约河谷（la vallée de l'Eyrieux）丰美的平原上，那里是果树的天堂，尤其适合著名的阿尔代什桃子的生长。"我更愿意，"

对方说，"借给您四十万法郎，让您买下这块能挣钱的农场，而不愿意给您一万五千法郎，明摆着让您饿死家人。"这时，就像喝多了一样，一句疯话脱口而出："先生，我感兴趣的不是钱。"我说完就后悔了，这哪里是该在银行里说的话！对方一言不发，但他气馁的表情和收起清单的动作清清楚楚又意味深长地表达了他的愤怒。事后，我认为他的反应是完全合理的。由于我提出了申请，他还是建立了档案，以备委员会的审查和批准。这期间，我和经理的讨论结束了，告辞简短得不能再简短。我从营业部出来，脑子里一团乱麻，人都快要晕倒了。我觉得，由于自己坦率却愚蠢的冲动，说出了会使计划夭折的话。为此，我度过了一个又一个辗转不眠的夜晚，我觉得我的申请一定不会被批准。

这位经理当时对我们的好意不容置疑，但怎样向他解释我们想要的，以及除了确实需要赚钱实现计划之外还有别的目的呢？这个诚实的职员完全臣服于农业生产本位主义的意识形态之下，怎么才能让他明白，那块土地是沉浸在怎样的静美之中，那里的光线、景色，对我们来说都有着不可估量的价值，我们就是为此选中了它。尽管按照农业生产标准来讲，它并不是最好的，但我们既想靠大地母亲出产的食物生活，同时也想获得大自然慷慨馈赠的非物质财富，让它们充盈我们的内心。最后，靠着一位了解我们动机的国会议员的帮助，我们获得了贷款，利率为百分之二，可以分二十年偿还。这几乎就是一件大礼。就这样，我们买下了这块土地，四十五年来一直生活在这里。

在"黄金三十年"的热闹与繁荣的背景之下，我们用这一反常的举动有意识地选择了"节制的幸福"作为生活方式。然而，不合常理地选择了这种简单，却带来了各种各样的限制和麻烦，有时几乎让人无法忍受。在一切都有利可图的世界里，连简单都有它的成本。但是，这个选择依然让我们感觉走上了一条正确的解放道路：我们跟自然紧密地联结在了一起，她的美和神秘将一种奇异的感觉注满了我们的精神空间，真正地把最初始的本源与它产生的无限能量重新沟通。这种感觉滋养着我们，我们才能依靠信念来获得勇气，把一个贫瘠荒凉的地方变成一个朴实的绿洲，一个小小的耐心打造出来的王国。

整整七年，在市政管道贯通之前，我们一直使用着储水池里的那一点水。这里没有通电，所以我们也就十三年没有用电——蜡烛、石油灯和煤气灯，就足够了。

一到雨天，我们老旧而英勇的瑞瓦四①就无法完成通向农场的道路，这辆功不可没的车经常接受我顽固的救治，一直到它不能动弹的那天为止。总之，这块土地没有接受现代生活的舒适。它完全展示着一个已经逝去的，却让我出奇怀念的时代。

我们遵守生态原则管理我们的农场，拒绝一切化学品的危害。化学品需要通过毁坏才能进行创造。对我们来说，这简直是对大地母亲、对自然、对人类的敲诈。除虫剂危害到生命系统的每一个分支，包括人类，因为除虫剂也改变了人类食物的性质。我们就这样进入了生态领域，加入了稀有的、无条件支持有机和生态农业的先行者之中。我们农庄的生产方法也被用到了别的地区，特别是在20世纪70年代发生干旱之后土地严重受损的萨赫勒地区②。无国界农民成了土地的治疗者和律师，因为只有尊重土地，人类才有机会生存并享受生命的愉悦，从而避免成为捕食者和毁灭者。我们选择的道路成了对

---

① 瑞瓦四是雷诺公司在20世纪30年代至60年代生产的一款实用车型。

② 萨赫勒（le Sahel）地区是非洲北部撒哈拉沙漠和中部苏丹草原地区之间的一条狭长地带。

生命之伟大与神秘的公开表态和投入。

因此，我所宣扬的节制原则并不是在当时情境下一时冲动做出的选择。它来自我深刻的信念，与我对生活的选择相关。这片美丽的土地及陪伴我们的动物使我们生存下来，它们从未被看作赚钱的工具，虽然所有人都需要钱。我们用劳动实现它们的价值，用以满足我们的物质需求，但它们并不是简单的资源，我们把它们看作生命的赠予。在这条路上，我们也并不例外地遇到过物质方面的问题，以及内心的矛盾、彼此的争执和分歧，但这些困难最终看来都是必要的，能使我们更好地认识自己和他人。这样的生活显然是一条向上的启示之路，就好像人处在一个不确定的、没有明确认知的、充满怀疑的山腰上，爬得越高，风景越开阔，理解越清晰，而认识也逐渐得到提升，变得明晰。

在这条特殊的道路上，建构一个有序的生活之地，在生态要求与经济需求之间找到妥善的方案，需要严谨的态度。在社会标准无法改变的情况下，与众不同的生活方式会不时地带来很多我们没有准备好如何应对的问题。我这里所说的严谨，是指尽量运用我们已有的或者需要开发的手段，特别是在缺钱的时候，找到一些问题的替代性解决方案，同时不陷入僵化的教条。像1968年的运动一类的反抗浪潮，由于混淆了放肆与自由，甚至自由本身也被理解成了拒绝一切约束。因此，运动影响全无或者被降至最小。要满足物质需求，理性和客观，自然必不可少。我们因此像管理一个小企业一样管理我们的农场，遵守同样的管理规则，但与那些以扩张为成功标准的普通企业相反，我们从一开就进行了自我限制。这才是属于我们的成功，因为节制是一种力量。我们的基本产品的附加值建立在商品关系上，但也考虑了社会因素——比如在市场或农场跟顾客保持友善来往——我们由此尽力不把自己边缘化，不脱离周围的环境。对我们来说，不一样的生活并不代表在村庄中圈起一块封闭的领地。生命的意义和与环境的和谐，我们对这二者的追求其实是指向同一个目标。实现这个目标需要两个方面的努力：将节制作为生活的原则，同时在内心真正地信奉它。

自觉的自我限制

在塞文地区，从 1961 年起，大约有十五年，我和家人的生活十分简单，有时甚至接近贫苦。经历过试验的最初阶段，我承认我们今天享受着经过艰苦劳动得来的、合理的充裕生活。如今，我不得不向自己重新提出这个问题：我所推崇的节制，到底是指什么？今天处于深刻危机中的社会更突出了节制的作用和必要性，我自己还在履行这个最初的选择吗？——我享受着在很长一段时间内不曾享受的现代生活带来的好处，但也遵循着现代社会强加于我的成本昂贵的生存方式。

的确，我没有游艇，也没有私人飞机，并对此没有欲望，也没有挫败感。但正如上文所言，我们这点充裕生活，使我们不单享受着生活在美丽的自然中的特权，更使我们能用上大多数带着进步印记的、用以改善人类生活状况的新发明。我就这样陷入了一个我无法回避的逻辑之中，节制和不节制的界限变得模糊。

事实上，就算带着生态运动的标记，无条件地拒绝一切对人的剥削形式，我还是不得不承认，我是一个资本者。要证明这一点，只需到非洲萨赫勒地区的小村庄里看看就可以——我们在那里开展并推广生态农业的支援活动。在那里，我是一个事实上的百万富翁。我拥有一辆必需的、中等档次的汽车，否则无法行动，里面塞满了讲座所需的书籍和文件。仅仅这一切换成钱便足够一个二百人的非洲村庄——如果他们不生产而只购买食物的话——购买两年所需的口粮。要是我把我那点儿可怜的财产和年度支出换成钱的话，我跟他们之间的差距便跟海一般深了。如果我们以最合理的基本需求为标准，按财产多少分级，那么当今世界的系统会使很多人变成资本者，但他们自己并不知道。同理，生存的基本所需，如食物、饮用水、住所、衣物、所有人都能接受的医疗，这一切都还没有普及地球的每个角落。对很多人来说，不光这些需求得到了满足，还多出了不必要的、没有公平分配的物质，以及没有底线的重复性欲望。

如果我们审视当今世界的组织方式，或者干脆说当今世界的混乱组织，是如何将生存所需的财富分配给每个人的，那么，我们会发现，自觉的自我限制将在事实上实现财富的均衡分配。如果要尊崇道德的召唤，在人类这个共同的星球上实现平等，我们就得承认，只要所有人都还没能得到生存必需，那么剥削就还存在；只要有一个刚出生的孩子，作为一个生命，却得不到他应有的权利，那么掠夺就还存在。来自土地的财富如此丰富，这财富是属于居住在这个星球上的每一个生命的，而不是只属于那些靠政治、权力、市场规则、金融，或者武器"合理化"占有它的人。这种"合理化"占有好似持械抢劫，但今天的法律却承认它是规则，并且不可置疑。只要这样的不道德现象没有被规则和生命的智慧认定为不合法，那么人类就无法持续生存。

同样，赤贫、贫穷与财富，共同存在于我们的星球上。财产分了等级，权力有了高低，并因而有了各种各样的压迫，这一切都源于"总是无限制地要更多"的意识。购买力这个词，在现行规则下将公民等同于消费者。除此之外，还能有别的意思吗？如果消费意愿不足，按这个逻辑，只能对消费者有害。消费让人身体超重、精神沉沦，却在事实上已经成为一种公民义务，处在节欲修行的反面，人们的贪得无厌与永不满足交替为经济哺乳。经济人[①]，作为一个巨大的世界经济机器的齿轮，必须抛弃感恩、适度、均衡等情感或美德，因为这些对于扼住了世界咽喉的所谓"经济"都是危险的。

回到我们的问题上来，在这么复杂的背景下，怎样清晰地定义"节制"？我们早就知道，如果没有国家或者慈善机构的社会援助，在所谓的发达国家中，还有很大一部分公民将陷入令人无法承受的赤贫状态。在购买意愿降低的情况下，家庭或国家，加上越来越多的省、市、县的各种机构，不可避免地都将会超额负债。所谓的经济衰退不必说，事实就摆在那里。

[①] 作者在这里创造了一个新词"经纪人"（homo econmicus），如同智人（homo sapien）或直立人（homo erectus）。——译者注

所谓的"经济"决定着国家之间的关系，支配着大（如果不是巨大）成本的国家运作。消费意愿的降低，只能导致民族国家如多米诺骨牌般一个又一个递上破产申请。很明显，在发生这种不可逆转的情况时，国内和国际可能的调剂都会失灵，社会的壁垒和限制都将无法遏制情势的发展。国家从上创造就业、从下鼓励消费以维持经济的手段，通通都会无济于事。

在这种情况下，社会福利将走到尽头，我们也不知道有什么能取代它的角色。大量失去资源的公民将无法购买商品，这时再生产商品是没有意义的。公民委托政府掌握集体的未来，而政府却当上了不断自己放火、自己灭的消防员，好在公民眼中开脱责任——这种政策的后果是恶劣的。如果任由制造痛苦和差异的规则继续统治世界，再加上政府能力的缺陷，越来越激烈、越来越无法控制的反抗行为将会逐渐增多，规模将会越来越大。

当然，对于最底层的人来说，节制对他们没有任何意义，甚至完全可以被看作是一种挑衅或嘲弄。社会本该给他们每个人对自己负责的机会，但他们被剥夺了生存应有的权利，他们这时只能满足于福利救济。在这种情况下，节制是公平和公正的要素。要达到这个目的，我们就必须放弃当前一切服从于金钱利益的强有力的模式。不放弃金钱利益，什么都不可能。对事实的客观观察揭示了一个新组织模式的必要性，我们应当把人与自然放在考量的中心，经济和其他手段应为其服务。

所谓的发达国家，都是在这个物资过分充裕却没有快乐的社会中被缚住了手脚。人们常常问我，我说的这个解药——"节制的幸福"对我来说到底意味着什么？这个想法有一些诱人，带着美感或者诗意。但除此之外，它更是一个必需的条件，它来自对一些事实客观的、可精确计算的分析。在我看来，这些分析的结果能以最严格的方式影响未来。我曾用过"可承受的负增长"（décroissance soutenable）一词。它是罗马尼亚经济学家尼古拉斯·乔治斯科·罗杰[①]提出的，我曾在2002年参加总统候选人竞选的宣传活动时，把这个词作为中心论点。它引来了不少误解，我只能放弃这种说法，但我没有放弃罗杰所做的分析和假设。对我来说，它们依然十分精辟，因为对这位独特的经济学家来说，唯一一种有益处的经济就是遵守限度、生产幸福的经济。这种理念

[①] 尼古拉斯·乔治斯科-罗杰（Nicholas Georgescu-Roegen，1906—1994），罗马尼亚裔美国数学家和非主流经济学家。——译者注

长久以来对于我都是一个明显的道理，就像我已经试验过的那样。

罗杰清晰地提出的问题，最终会摆在我们面前，因为它很现实。一小撮人靠无限增长、一切付诸金融的信条获得特权，掠夺自然资源，而自然资源的数量正在急速下降。如果经济高速增长的发展中国家选择带来灾难的发展模式，同样将加速这个对人类来说生死攸关的进程。是否还需要再重复一遍：我们不能将人工的无限原则套用到一个自然资源有限的星球上。

我们将肩负起重新让世界变得美好的责任，我们自身需要走向一个更真实的人性，我们也必须找到生活在这个星球上的新方式，以一种能满足心灵、精神和社会的方式，将我们的命运与地球联系在一起。在这个过程中，毫无疑问，美将是不可或缺的精神食粮。我所说的美，是指对于宽厚、公平和尊重的发扬。只有它们能改造世界，因为它们比人类之手创造的所有的美都更强大。后者虽然也相当丰富，但它们从来没有拯救过，也永远拯救不了世界。个人或集体选择自我限制的生活方式有着明显的决定意义，这关系到我们的继续生存。

人的改变

从 2002 年参加总统候选人竞选到现在，我一直坚持一个观点：当前，钳制整个星球的毁灭性社会模式，不是小修小补就能变好的；竭力维护目前世界的领导方式是白费力气，只能使末日拖得更长，使其灾难性的影响不断变大。一个新世界秩序所需的地缘政治的调整与无限度经济增长的原则不可并存，想要应对气候、生态、经济和社会可预见或不可预见的演变，我们需要从未有过的创造性。节制的幸福，不能被局限于封闭的个人角落。我们一定要从个人的生活方式出发，构想如何让世界走向节制，从无限制的利益原则到生命的原则，整个世界的发展模式需要彻底的转变。

将人与自然放到考量的重心

以生命为原则，重新建立未来世界的基础，首先需要放弃现代性的神话，这二者的思路不相容。节制的思路如果推行开来，将成为破坏性过度生产的一味解药。我所说的转换模式，是把人与自然放到考量的重心，用我们的一切手段为这二者服务。这时，我们会做令自己惊讶的梦：世界所有国家的首脑聚集在一起并且终于意识到地球并不是应该耗竭的资源的储藏地，而是一个珍贵的生命绿洲，它所蕴藏的重要财富应当被特殊的规则保护起来。为了完全保护其完整性，应该选择彻底的办法。森林、生产食物的土地、水、种子、鱼类资源等，都不能再被金融市场投机买卖——看到人类的生存之源与无数和我们有着共同命运的物体，被毫无廉耻地玩弄于粗俗的金融股掌，实在令人悲痛而愤慨。

等到最后一棵树被砍掉，最后一条河被污染，最后一条鱼被捕捞，这时候你们才发现，金钱不能吃。[1]

土著的、原始的、传统的，如何形容这句话并不重要，这个预言闪烁着纯粹的智慧。他们有史以来就学会了与环境和谐相处，但所谓的文明人却武断而恶毒地对待他们、灭绝他们，没收并毁坏他们赖以生存的自然环境。这些族群无辜且易受伤害，他们应该首先被严格的法律保护；因他们的保护而面貌完好的自然环境也应该被视作人类的共同财产，我们应为此向他们表示感谢。

---

[1] 这段话出自杰罗尼莫（Geronimo，1829—1909），著名的北美印第安人首领，曾经带领印第安原住民反抗美国及墨西哥。

他们是受害者，他们所遭受的权力的滥用和蔑视，性质卑劣，是对最基本的人性的亵渎。

　　过度美化这些族群可能也不公正，他们也有不完美的地方，也有需要改变的行为。妇女在这些族群中地位的卑微，常常令我惊讶和深思。然而，他们仍然与生命的原则紧密相连，他们深刻的信念、存在的方式都向我们证明，将人与自然和谐相处作为生态意识的基础是可能的。生活在自己的土地上，遵从自己的价值观，实现自己的人生意义——这些权利对他们来说，就像对我们当中的每一个人一样，简简单单、合情合理。我们对于这些权利的承诺，并不是因为同情或者居高临下的优越感。他们的行为和传递的信息，能够帮助我们时刻关注生命的神圣性质。

男女地位的重新平衡

　　"造物的人类"这种神话，是一种男性化的概念，技术文明尤其喜欢称颂这一点。这一点从女性参与的缺失上也可以看出来，居里夫人就是明证。没有任何一个现代性科技的领域，凸显了女性的贡献。活塞、汽化器、电磁波发生器等，没有哪一样是女性的创造。这个现象并非微不足道，它让人看到了过分崇拜力量的男性特征，而女性作为生命保护者一定会克制这种过激倾向，不至于给我们带来一个如此暴力的世界。

我曾见过的女性作为生命守护神的例子中，最有说服力的发生在20世纪80年代的萨赫勒地区。当时，干旱导致粮食颗粒无收，食物严重缺乏。在这种情况下，人类的无措近乎耻辱。惶惶不安的男人们不得不去别处找工作，或者用这个借口掩盖其逃避现实的本质。那些还带着孩子的女人们则迸发出了无可置疑的生命力量。困境不但没有耗竭或磨钝这种力量，反而让它更充沛鲜明。她们成群结队进入沙漠，花上好几个小时寻找一种叫作克兰克兰①的植物。这种植物的种子带有小钩，会挂在衣物上，她们可以从中获取糊口的籽粒。这些一无所有的女人为了生存所经历的极端考验感人至深，让我的心里充满了爱和感恩，而且让我想到了这样一句话："也许我们应该鼓起最后的勇气，请守护着水、火、土地和生命的女人，登上高耸的圣山，将我们最后的热情作为祭品献给黄昏，不使明日黯淡无光。"

现代性在世界各地，通过束缚每个女性个体，从而奴役了整个女性世界。我们一直在呼吁关注这一悲剧。当

---

① 克兰克兰，禾本科植物，生长在干燥炎热的沙土上。

今的新思维,对于人类历史上形成的男女不平衡这个问题,也只是采取了几乎听天由命的态度。我们必须尽快意识到男性与女性角色重新平衡的迫切性,并从儿童教育阶段开始这个工作。我这里谈到的并不是神圣不可侵犯的男女平等的信条,而是将两性的敏感性、能力与价值和谐有机地组合,只有二者能力的互补才能拯救这个世界。

说到现代社会中的女性,有一个微妙的问题不容回避,讨论它才能保持本书关于节制主题的连贯性。我们必须承认,首饰、服装、保养、美容用品等方面的花费,在繁荣国家的消费总量中占据着不容忽视的地位。在某些国家,最富有的公司便是建立在这些消费之上的。我们不是要女人们内疚,也不是要质疑数千年来流行的使女人更美、更有魅力的种种做法或行为——这些使生命和我们的生活更加美丽——但问题在于:"这怎么这么贵?"我们不能满足于一个简单的成本核算的答案,因为这种现象已经超出了简单的理解范围。我的几个基本想法来自与对这个问题感兴趣的女性朋友的交流。我的观点其实很谦逊,因为这是一个见仁见智的主观领域。

在现代社会中,可以说,女人的形象已经成了一种高附加值的原材料——因为这种原材料能促生幻想,而幻想则可以被商业化。任何一个报刊亭都铺天盖地地陈列着裸露着身体的女人,仿佛后者已被降格至商品的行列。事实上,将女人的性别特性用作商品展示的情况,不计其数。这类画面加上精心炮制的用以适应男女口味的商业手段,刺激买进卖出。设计取巧但思想操纵力量强大无比的广告,在这方面轻车熟路。广告预算则沉重地附着在单纯为了美而进行的花费上。另外,各种文化中的妇女地位、她们长久以来对扮演保护者的男性的依赖,以及将这种依赖合理化的种种法律与道德条款,都敦促女人屈从男性的标准,凭借自己的诱惑力作为获得安全的阶梯。有的女性声称,虽然自己不情愿,但她们觉得自己有义务服从这些专制的规则。另外,橱窗、杂志、广告,同样是逃避现实、填充情感和社会空虚的手段。是否应该提醒大家,在欧洲,尤其在法国,女性等待了相当长的时间才获得了参加普选的权利。难道这个事实没有意义吗?并非由于民主终于宣称了性别的平等,公平的原则就被付诸实践了。牢不可破的男人至上主义,仍然深深植根于男性世界的深处。

对衰老的恐惧,或者说对失去诱惑力的痛苦,更让人无法不追求那些声称能挽留韶华的东西。然而,又有多少上了年纪的女性超越过去的审美标准,甩开人们对美的成见和世俗的尺度,以她们的内在美、以她们无可取代的自然魅力感动我们？无论男女，在不同文化中，都是普遍的。我们也能在很多贫瘠的国家看到不同年纪、不同性别的优雅，但人们只在其中投入了很低的成本。所以，优雅、魅力和美，并不与节制背离，也不取决于为此所花费的高或低。这是一个非常值得深思的话题。

关于做人的教育

社会模式的转变也要求我们重新彻底审视孩子们的教育。今天，占主流地位的教育方式取决于并效法商业和金融的意识形态所需要先解决的问题，并被甩手交给了教师群体。我们已经越来越了解受孕、怀胎和分娩方式的重要性。那么，不要再虚伪了，这个世界所说的"教育"不过是制造未来"经济战士"的机器，并不是培养未来完美的人：会思考、批评、创造，会控制和调节情感，以及我们所说的精神领域。今天的"教育"，可被归纳为一种使人性合乎规格和规则的扭曲。整整一代的年轻人，一旦社会不接纳他们，并且不能对他们负责，他们便只能陷入绝境。他们越来越深的不满意识，便是精神沦丧的证明。上好大学，拿好文凭，便一定拿高工资——这种在"黄金三十年"中曾经特别深入人心的算法，在无限增长的社会里已经不成立。我们何必还要执着于这样一个已经过时的观念呢？

在我们设想的社会新模式下，一定要学会倾听孩子。教育的重要任务应该是让孩子认识自我，帮助他们发现自己的特点、自己的能力，使作为社会和世界一员的他能够以其志向和爱好为基础找准成长方向。只有使他的内心充实和谐，才能让他在这个多样的世界中找到真正属于自己的位置。要使这般真我的产生成为现实，则必须清除已有的可怕的竞争氛围。世界似乎已变成一个体力和心智的角斗场，失败了就会焦虑，就会熄灭学习热情。

虽然人类的双手推进了演化，但头脑智力优于双手这一观点在不自觉中把我们都变成了缺少动手能力的"残疾人"。根据这种观点，头脑中的概念可以决定事物的进展，而双手能触及的现实经验却没有这个资格。自然给了孩子们生命并使他们生存——不承认这样一个根本的生命原则，并把它抛在一边，将是不可弥补的错误。人与大自然的具体连接，是不可缺少的。

教育应该重新允许学生能力的全面发展。每个教育机构都应该提供可耕种的土地，以及学习手工和艺术的场所。生态园地可以使孩子们体验生命不变的法则：土地的多产，它如何慷慨地奉献出使我们生存的食物，以及我们所说的"生态"如何支配着我们，支配这个复杂而完整的现象又是多么神秘和美好。学校还应该是男女两性之间的互补性的最佳启蒙场所,当然也应该是可能对孩子的整个人生起决定作用的节制意识的教育基地。因为孩子们自己并不知道的,一头是他在这个物质过度充裕的社会所大量消费的物质,有一个什么样的生产过程;另一头是他所造成的废弃物会怎么样。在这个过程中,孩子们扮演了一个彻头彻尾、可怜可悲的消费者和浪费者的角色。他们并不知道自己参与了富裕国家的集体的过度消费,享受着自己并没有感到快乐的特权。与此同时,生活贫困的——如果不是赤贫的——国家里还有那么多的孩子,每天的生活是那么简单。我反而常常在穷国的孩子眼里看到还在燃烧的热情,就好像希望还在不顾一切地、顽强地存在着。教会孩子们克制欲望,是他们得到快乐的源泉,因为这使人更容易获得满足感。随时随地心怀不轨的广告暗示我们无休止地要求更多,最后却给我们带来挫折感——这种情况会因欲望的克制而烟消云散。孩子们应该被保护起来,而不是被广告当作人质,否则他们将变得麻木消极。如果总是满足"什么都要""马上就要"的欲望,就再也没有了耐心所带来的滋味和价值。同样的道理,我们发现玩具工业也在与成人一起干预儿童的想象世界。世界上所有的孩子都有能力带着无与伦比的新奇创造自己玩乐所需的物品，而当环境中充满了拿来就可以玩的娱乐工具，他们就会失去这种能力。这种率真的创造力，完全可以贡献节制的生活。有了它，那些花样繁多、需要耗费大量资源（常常源于石油的材料）和能量，并且造成污染、需要回收才能生产的物件，就不再有存在的意义。另外，越来越多数不胜数的玩具成了现代社会有害的甚至罪恶的符号的载体，这种情况让人不禁唏嘘。它们在天真的灵魂中注入了一切愚蠢的毒素：暴力、杀戮、色情等。国家和为人父母者有义务立下规定，保护这些容易受摆布、受伤害的孩子，使一切的贪婪都不能影响他们率真的天性。这并不意味着在处理这些问题时谈论道德，或者简单地判定黑白善恶，而是要对客观事实做出客观的回应。"我们要把什么样的星球留给孩子？"仅仅提出这个问题是不够的，我们也需要质问："我们要给这个星球留下什么样的孩子？"

长者们的状况

盘点现代社会中人类的主要状况，怎么能不谈到今日于情于理都让人难以接受的老人们的状况？老去是任何人都无法回避的事情，生命的规律就是这样的，青年阶段不过是我们在旋转木马上的短暂一瞬。然而，社会是由"经济人"构成的，他们是生产和消费的基本单位，是所谓经济发动机的两个传动杆。在这样的情况下，老去并不代表凋萎之前的成熟、结果、传递，而是消失之前的衰弱。在如此的社会环境中，人们广泛对衰老抱有恐惧，这并不奇怪，甚至城市和郊区的组织方式，也使千百年来大家庭中不同辈分之间的互相帮助变得不可能。有组织的机构式社会援助，比如退休金、社会保障金的发放以及其他形式，都有它们的限制。众所周知，这些机构如今都隶属于金融财富的生产，一旦后者减少或消失（这也是完全可能的情况），这些机构也只能消失。今天的退休人员中那些有足够退休金的，享受着这笔财富，这让他们成了社会中的优越阶层。他们中有些人以退休金支持着孩子和孙辈。这些孩子和孙辈中有的人还年轻、充满精力，虽然为进入这个可恶的"就业市场"做了长足的准备，却仍然处于失业状态。这种不平衡的状态是目前的社会大逻辑衰落的重要信号之一，同样也会加剧社会的混乱。如果冷静地分析，我们分配给老人的财富和他们必需的医疗所带动的资源，如输液一般再度注入了不能自理的社会。这个人群还是拉选票的政客恭维的对象，他们的积蓄也被旅行社、银行和其他一切能从中牟利的行业垂涎。但是，当他们这些钱都花光了的时候呢？怎样才能让他们不害怕一个无菌的、雪白的、孤独的、寂寞的世界呢？人类生存的规律，原本一直考虑到了通过老人向青年人传授生活经验而实现连贯。一老一少同行交谈的场景看上去总是很美好，因为它代表了生命的两端如何协调和延续。现代性则将不同年龄、不同生活阶段隔离，加剧了老人们生命最后阶段的痛苦。不管怎样，小修小补地维护一个国家的体系，只能维持有限的一段时间。政治忙乱于它自身的矛盾：毫无结果的争论、选举期限、民意调查、支持率，于是无法或无意客观透彻地看清事实，只满足于各类替代性社会机构提供的服务，就像一种正式化了的施舍。除了这些机构，还有慈善组织的帮助，这些组织扮演的角色越来越重要。在法国，就有艾玛于斯（Emmaüs）、善心餐厅（Restos du cœur）、"大家帮助大家"（ATD Quart Monde），以及天主教、新教、民间的救助协会，还有救世军，等等。此外，别忘了还有农业补贴，以及林林总总致力于修复社会大问题所带来的各种小问题的小规模协会。这些爱心的发扬确实值得我们感谢和称赞，但不幸的是，它们的存在却卸下了国家本该承担的责任，掩盖了一些可以帮助我们对社会做出诊断的症状。在更现实的诊断基础上，我们才能采取更彻底的、更符合实际的措施。在这个社会中，极其富裕的人目空一切地傲慢炫耀；但还有很多人一无所有，充满挫败感，他们积聚着怒气；再加上政治的专断，对大众各种各样的愚弄和操纵，这些如何不让人隐隐预感到一场巨大社会风暴的降临？要一个个全部列出人们对于人性的侮辱和损害，是不可能的任务。同样，人类也给所有其他物种带来了痛苦，后者唯一的错误就是和人类同在，并跟人类分享了同一个地球。而这似乎既没有影响人类的意识，也没有触动过人类的心灵。从某个角度看，人类千万年的繁衍欠了与他们共享命运的动物们的情。要是没有狗和可以捕食的动物，因纽特人会变成什么样？贝都因人没有了单峰驼呢？拉普兰人没有了驯鹿呢？还有在不同纬度下生活的双峰驼、牦牛、耕地的马、牛及水牛等，我们是多么不知感恩呀！当今世界在各处抹杀了动物的多样性，不管是野生的还是家养的，让动物生活在与其天性完全不吻合的环境中。人们要么给它们带来最低道德要求都无法接受的痛苦，要么疯狂地溺爱他们。在一次生态农业实践活动中，我曾不无困难地向来自非洲的实习生解释，在富裕国家，花在宠物身上的钱超过了某些所谓的发展中国家的全国财政预算。在寻求节制的道路上，这也是一个值得思考的问题。事实上，现代生活中，不管在哪个领域，我们都处在节制的幸福的对立面。这些富裕国家中随处都各种浪费和垃圾，还有各种巨大而无用的政府花费。

不用担心说错，我们可以肯定，只要无处不在、无所不能、无民不愚的金钱利益的毒流，继续贯注于人的精神，继续毫无顾忌地异化人性，那么人类不但将无法演进，还会逐渐退化。只有特别地天真、虚伪或无知，才会相信大大小小的国际活动中各种语言交杂的讨论，才会相信通过解决有关碳的问题就可以使我们的今天变得美丽又睿智——这种智慧跟我们具有的各种各样的能力没有一点关系。将现实分割成碎片，细致到不能再细致的专业，琳琅满目的学科分支，不管是科学还是技术、医疗，以及各种研究所和科学院，它们拯救不了这个世界，有时还会加速它的灭亡。我们不能再带着优越感来看过去，不能再坐享过去留给我们的遗产。这笔人类遗产需要我们重新正视它的价值，并将其与现代性中正面的元素结合起来。我们不能让现代性中正面的元素同样被人类对利益的追求据为己有，并利用它进行勒索。但要做到这一点，需要我们发挥智慧，也可将其称为悟性——这不是指灵光乍现的出色的头脑，而是指每个人与超验性规则的联系。这些宇宙规则在人类出现之前就已经存在，而且多亏有了这些规则，才有了我们的存在。理解这些规则，顺应它们，而不是对抗它们，这才是智慧。

建设性愤怒

　　世界目前的运行方式和它的现状很难不让人义愤，人们会觉得，世界是多么混乱啊！如果我们最初就采用了智慧和宽厚结合的模式，本可以避免这种局面。不过，义愤往往带来反抗，根据具体情形，反抗可能有效，也可能无力；其结果可能是好的，也可能适得其反甚至比先前更坏。历史上有过很多这样的例子，如最残暴的独裁者利用反对压迫的正当抗争，确立了自己的地位，被压迫者总是不可救药地成为有力的压迫者。只要压迫的种子没有从人心中除去，历史就会重演。太阳底下无新事，人们一边在推倒纪念墙，另一边新的墙又在人们心中筑起、在人们眼前建立。人性多变而不可预料，会轻易受到一些不可控的主观因素的影响。这提醒我们要谨慎对待，不能指望人性给予超出其能力的更多的付出。一个又一个世纪，我们已经见惯了历史上一个又一个英雄像救星一样被人群欢呼迎来，又在一段时间之后被人们撵走，甚至被砍掉脑袋，因为他们没有满足人们寄予的，有时甚至是不合理的要求。他们要避免这样的结局，就需要建立起一个终身的绝对统治，甚至开创不正统的朝代。公民们是如此不坚定，又容易盲目赞同，世界因此这般反常倒错。可以看到，人们简直是悲剧性地需要那些被神化的伟人和替罪羊。今天，欧洲各国领导人通过普选被扶上王座，这是人们习以为常的。这种事情之所以还在发生，是因为看不见的隐秘的利益网将人们的愤怒扼杀于摇篮之中。然后，面对世事的丑恶，人们仅仅满足于几场无力的抗议。这是否能免除我们对于个人和群体命运的责任？命运的意义和目的已然时常让人无法理解，行动与反行动交织成为历史的经纬。为了解决这个问题，我们是不是可以构想一个新的逻辑？其基础既不是反对派和竞争者之间的仇恨，以及紧随其后的各种暴力，也不是无上的金钱强力安置的无结果的妥协——金钱已是这个星球上最大的灾难的主因，其情势和挑战已经关系到了人类的演进。我们不能再迟疑或者逃避，到了做出决定性选择的时候了。现在我们应该知道，为了使在大地上的这一程行走有意义，我们应该去向何方、应该选择什么样的生活。我们不得不承认，目前为止，我们在这个具有生命的星球上，但遗憾的是他给这个星球带来了种种不良影响更值得扼腕叹息。

人类总是需要相信，总是愿意有希冀，于是也总是轻易妥协，或者做出不计后果的冒险。鉴于我对生活的意愿，有的人会埋怨我的抗议行为不够激烈——"在这些不可思议的情况下，你怎么能保持平静？"但类似的情形实在让人应接不暇，我们的生活可能因此变成漫长的、混合着愤怒和无力感的交响曲。

"对未来你是乐观的还是悲观的？"贝尔纳诺斯[1]曾写道："乐观者是快乐的蠢蛋，而悲观者则是悲伤的蠢蛋。"显然，社会越来越令人焦虑。这种情形会随着生物圈的破坏和贫穷的增长越来越严峻，因为人类的贪婪还在增长。古希腊皮提亚[2]的神谕与最不合理的预言比肩同行，还有那些建立在所谓最严肃的科学数据上的预测和断言。这些科学或不科学的预言更多的是招来争论、怀疑、不信任或悲观的态度，甚至坚不可摧的、关于明天会更好的信仰。这一切永远都无法弄明白，只要我们还不清醒过来，还没有认识到一切人类的危机都源自人类自身。除了我们无法掌握的因素，未来将是人类自己创造的——事实就是这么简单。

---

[1] 贝尔纳诺斯（Georges Bernanos，1888—1948），法国作家。
[2] 皮提亚（la Pythie），古希腊的阿波罗神女祭司，负责传达阿波罗神的神谕，被认为能够预见未来。

虽然反抗的种子早早就埋在了我的心里，而且一直生机勃勃，但我的本性从未促使我做出激烈的反抗。这并不意味着我赞成消极的态度。我明白，不正常现象带来的愤怒，其强烈的表达能够带来改变，并在某些情况下必不可少。但这也得看是什么改变，其意图究竟是什么。在某种程度上，我们还有义务维持这种义愤的火苗，使自己不至于麻木或者认命——以至我们因此丧失力量，这会是对我们的尊严的侮辱。义愤可以转变成激烈的反抗行动，人们会据此认为已经做了能做的；但对我而言，它却一直在鞭策鼓励着我寻找新的道路，并以比证明只要有坚定的信仰，其他的行为和选择也是可能的。

我曾将"意识的起义"（L'insurrection des consciences）作为竞选口号，但现在，我更大声地对着每一个男人、每一个女人呼喊。听到它的人似乎也越来越多了，这也许可以促成一场活跃的运动，以节制的力量作为基础对抗金钱的利益。创造一个我们的自由意识能够行使权力的小世界是可能的，也是改变这个大世界所必需的。只有想办法不再完全受制于金融，我们才能挣脱它的专制。要达到这一目标，节制的态度不可或缺，我们有责任在深刻地理解它之后，把它作为生活幸福的一个选项，使我们走向更轻松、更平静、更自由的生活。我非常高兴地看到，相当多承载着这个意向的创新项目如雨后春笋般地诞生;我也见到越来越多的年轻人说,想要过一个成功的人生,而不仅仅是取得职业生涯的成功;还有一些企业的管理者,承认在社会上成功了,在人性上却失败了。人们对人生的考量已经发生了变化,相对于旧的标准,对人生意义的追求正在成为人们选择生活方式的最重要标准。当然,这些新的想法仍然面临着重重限制,各种机构僵化守旧,它们需要适应当代社会的新动向。现实可谓荒谬:越来越多的人向往着耕种一小片土地,过上简单的生活,但这也首先需要有充足的资金。我们是否应该总结说,简单生活的成本同样高昂?如今,关注这些蓬勃壮大的运动的新型政治将成为必要,不是为了控制这些运动——这将是白费力气——而是为了辅助它们的成长。全世界面临的困难局势促生了这样的新型政治,并一天天地使它变得更普遍。

很幸运,一个又一个的理想国[1]正在诞生,虽然不是每一个都能成功,但它们为实践一个不一样的世界采

---

[1] 在本书作者作为重要代表之一的生态农业思潮的影响下,许多生态农场或有机农场在法国诞生。作者更是直接参与了一些协会、党派的建立,并且促成了一些推行生态技术和节制观念的农庄、学校、大小村落的成立,也有修道院在他的影响下转变了农业生产方式。这些组织、地点均被作者称为"理想国"。——译者注

取了许多有利的决策。不过，我们也要小心，不要以偏概全，数量庞大的一部分公民都多多少少舒适地生活在旧模式里，根本无法想象这个模式需要被质疑。所谓的这些发达国家似乎还没有理解，它们最好是截取现代性中的正面特征，用来充实保留传统的社会结构。发展迅速的所谓发展中国家，正在一跃而起，冲向旧模式，幻想着复制同样的成功神话，却没有料到发达国家已经展示了自己的失败。所以，应该把在这些发达国家的创新实验看作样本，未来也许能在世界范围内推广。而未来，仍是十分不明朗的。我很清楚，宣扬节制所能带来的幸福，我是给自己找了一个相当复杂的论题。我希望通过本书使这个概念更容易被人理解，但我也完全没有把握是否达到了目的。可能，未来会告诉我。

附录

给未来世纪种下的幸福梦想

曾有过那么一些人，他们明鉴世界，知道爱护尊重，他们这样教育自己的孩子：

"要知道，天地万物并不属于我们，我们是天地的孩子。要小心任何形式的傲慢。树，还有别的一切造物，都是天地的孩子。

"轻盈地生活，绝不伤害水、风，或者光。如果你们为了自己的生命获取别的生命，请知道感恩。当你们为此牺牲动物，要明白，这是生命在奉献于生命，这样的付出不可使之有半点儿的浪费。要学会制定一切事物的限度，不发出任何无益的声响。没有需要，或者为了娱乐，则不可杀戮。

"要知道，树木和风在它们一起创造的韵律中十分愉悦；还有风托起的飞鸟，是天空的使者。

"透亮的天空使你们的小路明晰，请一定保持清醒机敏。当夜晚驱使你们聚到一起，要信任它。夜晚，这条寂静的独木舟将把你们安全地送到黎明的彼岸。

"愿时间和年龄不会让你们沮丧,因为它们为你们准备了别的诞生。在渐短的岁月里,如果你的人生曾是正直的,那么,就会有新的幸福梦想诞生,并播种于更多的世纪。"

关于土地和人文的国际宪章

我们要给孩子们留下什么样的星球?我们要给这个星球留下什么样的孩子?

直至今日,穷尽我们所知,在这个浩瀚的星际中,地球是唯一的一个生命绿洲。呵护它,爱惜它的物理和生物完整性,有限度地获取它的资源,在人类之间实现和平和团结,并尊重一切生命形式,将是最现实、最美好的计划。

无限增长的神话

建立在工业和生产本位主义模式上的现代,要求在这个资源有限的星球实现"总是要更多"的意识形态,追求无限的利润。取得资源的手段,包括掠夺、竞争和人与人之间的经济战争。这个模式建立在正耗尽储备的能源和石油上,因而不可持续。

金钱的巨大权力

当国家的繁荣程度仅仅靠国民生产总值和国内生产总值衡量时,金钱就在群体的命运中获得了全部的权利。于是,一切不能换成钱的物质都没有价值,每个没有收入的公民对社会都没有存在意义。即使金钱能满足一切欲望,却仍不能带来快乐与生活的幸福。

化学农业的灾难

农业的工业化、化肥、农药、杂交种子的大规模使用,加上过度的机械化,已经对大地母亲和农业文化造成了巨大损害。"不破坏便不能生产"这种模式,让人类面临着前所未有的巨大饥荒的威胁。

人与自然的隔阂

现代,大部分人都生活在城市里,造就了无土文明。脱离了现实,不再遵循大自然的节奏,这也使人类状况更为堪忧,对土地的损害更为严重。

无论在南半球还是在北半球，饥饿、营养不良、疾病、驱逐、暴力、不安适、不安全感，还有土地、水源、空气的污染，以及重要资源的耗竭、沙漠化等现象，都在不断增加。对这些现象的认知都在引起我们的关注，呼唤我们负起责任，要求我们尽快行动起来，以便改变人类发展的方向，否则，我们与后代的未来将越来越难以预料。

将理想国变为现实

理想国并非空想地，而是一切可能性都被发展而不被追责的地方。面对生存模式的限制和绝境，它作为一种生命冲动，有能力将我们认为不可能的事情变为可能。今天的理想国中蕴藏着明天的解决方法。第一个理想国应该在我们心中实现，因为社会的变革离不开人的转变。

土地与人文

我们承认，土地是人类的共同财富，是我们生活和生存的唯一保障。在人文主义的启发下，我们郑重保证：关注一切生命形式，帮助所有人，使他们得到生活的安适和人生意义的圆满。再者，我们将美、节制、平等、感恩、同情、互补看作不可或缺的价值，让它们帮助我们建立一个可生存、可居住的世界。

人和自然的规律

我们认为，今日世界的生存模式仅加以调整是不够的，必须进行彻底的转换，必须马上将人类和自然放到我们的考量中心，并以所有的条件和能力服务于它们。

女性特质引导变化

女性特质被束缚于过激的、暴力的男性世界，这一事实也是人类朝着正向发展的掣肘之一。女性更倾向于保护生命，而不是破坏它。我们应尊重守护生命的女性，并听从我们每个人身上的女性特质。

生态农业

人类的所有活动中，农业是最基础的，因为没有人不需要食物。我们推崇的生态农业，是一种生活的道德规范，也是一种农业技术。它能使人们重新获得自主能力，保障食物安全、食物健康，并同时保护生存的基本资源。

节制带来幸福

无限制的"总是要更多"满足了一小部分人的利益，却毁坏了地球。面对这种状况，节制是清醒的头脑所做出的选择。它是生活的艺术和道德，是满足感、深刻的安适感的源泉。它代表着一种有利于土地、分享、平等的政治态度和抵抗行动。

经济的重新本土化

要保证人们基本的合理需求，本地化的生产和消费是必经之路。在不拒绝补充性交换的同时，每个地区都应保护和促进自主性的经济发展因素，尊重并发挥本地资源的价值。农业生产单位、工匠、小商业等，都应被重新赋予价值，使最多的公民重新成为经济发展因素。

新的教育

从理智到心灵，我们都希望孩子的教育不再以失败的焦虑为动力，而是建立在学习的热情上。消灭"各顾各"的意识，展现团结互助的力量，使每个人的才干服务于所有人。这种教育应在接受抽象知识的开放精神、手的智慧、具体创造这三者中找到平衡点，把孩子与他现在和将来都要依靠的自然联系在一起。新的教育启发孩子看到美，让他负起自己对于自然的责任。因为这一切，将有助他的意识的提升。

为使草木繁茂，为使以草木为食的动物繁衍，为使人类生存，土地应受到尊重。

绿色发展通识丛书·书目

01	巴黎气候大会30问
	［法］帕斯卡尔·坎芬 彼得·史泰姆／著
	王瑶琴／译
02	大规模适应
	气候、资本与灾害
	［法］罗曼·菲力／著
	王茜／译
03	倒计时开始了吗
	［法］阿尔贝·雅卡尔／著
	田晶／译
04	古今气候启示录
	［法］雷蒙德·沃森内／著
	方友忠／译
05	国际气候谈判20年
	［法］斯特凡·艾库特 艾米·达昂／著
	何亚婧 盛霜／译
06	化石文明的黄昏
	［法］热纳维埃芙·菲罗纳-克洛泽／著
	叶蔚林／译
07	环境教育实用指南
	［法］耶维·布鲁格诺／编
	周晨欣／译
08	节制带来幸福
	［法］皮埃尔·哈比／著
	唐蜜／译

09 看不见的绿色革命

［法］弗洛朗·奥噶尼尔　多米尼克·鲁塞／著
黄黎娜／译

10 马赛的城市生态实践

［法］巴布蒂斯·拉纳斯佩兹／著
刘姮序／译

11 明天气候 15 问

［法］让-茹泽尔　奥利维尔·努瓦亚／著
沈玉龙／译

12 内分泌干扰素
看不见的生命威胁

［法］玛丽恩·约伯特　弗朗索瓦·维耶莱特／著
李圣云／译

13 能源大战

［法］让·玛丽·舍瓦利耶／著
杨挺／译

14 气候变化
我与女儿的对话

［法］让-马克·冉科维奇／著
郑园园／译

15 气候地图

［法］弗朗索瓦-马理·布雷翁　吉勒·吕诺／著
李锋／译

16 气候闹剧

［法］奥利维尔·波斯特尔-维纳／著
李冬冬／译

17 气候在变化，那么社会呢

［法］弗洛伦斯·鲁道夫／著
顾元芬／译

18 让沙漠溢出水的人

［法］阿兰·加歇／著
宋新宇／译

19 认识能源

［法］卡特琳娜·让戴尔　雷米·莫斯利／著
雷晨宇／译

20	认识水
	［法］阿加特·厄曾　卡特琳娜·让戴尔　雷米·莫斯利／著
	王思航　李锋／译

21	如果鲸鱼之歌成为绝唱
	［法］让-皮埃尔·西尔维斯特／著
	盛霜／译

22	如何解决能源过渡的金融难题
	［法］阿兰·格兰德让　米黑耶·马提尼／著
	叶蔚林／译

23	生物多样性的一次次危机
	生物危机的五大历史历程
	［法］帕特里克·德·维沃／著
	吴博／译

24	实用生态学（第七版）
	［法］弗朗索瓦·拉玛德／著
	蔡婷玉／译

25	食物绝境
	［法］尼古拉·于洛　法国生态监督委员会　卡丽娜·卢·马蒂尼翁／著
	赵飒／译

26	食物主权与生态女性主义
	范达娜·席娃访谈录
	［法］李欧内·阿斯特鲁克／著
	王存苗／译

27	世界能源地图
	［法］伯特兰·巴雷　贝尔纳黛特·美莱娜-舒马克／著
	李锋／译

28	世界有意义吗
	［法］让-马利·贝尔特　皮埃尔·哈比／著
	薛静密／译

29	世界在我们手中
	各国可持续发展状况环球之旅
	［法］马克·吉罗　西尔万·德拉韦尔涅／著
	刘雯雯／译

30	泰坦尼克号症候群
	［法］尼古拉·于洛／著
	吴博／译

31 温室效应与气候变化
[法] 斯凡特·阿伦乌尼斯 等 / 著
张铱 / 译

32 向人类讲解经济
一只昆虫的视角
[法] 艾曼纽·德拉诺瓦 / 著
王旻 / 译

33 应该害怕纳米吗
[法] 弗朗斯琳娜·玛拉诺 / 著
吴博 / 译

34 永续经济
走出新经济革命的迷失
[法] 艾曼纽·德拉诺瓦 / 著
胡瑜 / 译

35 勇敢行动
全球气候治理的行动方案
[法] 尼古拉·于洛 / 著
田晶 / 译

36 与狼共栖
人与动物的外交模式
[法] 巴蒂斯特·莫里佐 / 著
赵冉 / 译

37 正视生态伦理
改变我们现有的生活模式
[法] 科琳娜·佩吕雄 / 著
刘卉 / 译

38 重返生态农业
[法] 皮埃尔·哈比 / 著
忻应嗣 / 译

39 棕榈油的谎言与真相
[法] 艾玛纽埃尔·格伦德曼 / 著
张黎 / 译

40 走出化石时代
低碳变革就在眼前
[法] 马克西姆·孔布 / 著
韩珠萍 / 译